U0174172

产品管理与运营系列丛书

数据产品经理
解决方案与案例分析

杨楠楠　李凯东　姚问雁　高长宽　李庆辉

郑　欣　俞京江　马晓冬　张龙祥　赫子敬　　著

停　云　程发林　华筱筱　徐溪策

● ● ● ● ●

DATA
PRODUCT
MANAGER

SOLUTIONS AND
CASE ANALYSIS

机械工业出版社
CHINA MACHINE PRESS

图书在版编目（CIP）数据

数据产品经理：解决方案与案例分析/杨楠楠等著 . -- 北京：机械工业出版社，2022.8（2025.2 重印）
（产品管理与运营系列丛书）
ISBN 978-7-111-71105-6

I. ① 数… II. ① 杨… III. ① 数据处理 - 产品设计 IV. ① TP274

中国版本图书馆 CIP 数据核字（2022）第 111239 号

数据产品经理：解决方案与案例分析

出版发行：机械工业出版社（北京市西城区百万庄大街 22 号 邮政编码：100037）
责任编辑：罗词亮 责任校对：付方敏
印　　刷：固安县铭成印刷有限公司 版　　次：2025 年 2 月第 1 版第 3 次印刷
开　　本：170mm×230mm　1/16 印　　张：19.25
书　　号：ISBN 978-7-111-71105-6 定　　价：99.00 元

客服电话：（010）88361066　68326294

杨楠楠

数据产品专家，擅长数据分析，为多家世界 500 强企业提供数据分析服务，能在数据、产品、运营、市场等多个方面发挥数据价值。擅长策略产品，在广告、电商等领域拥有丰富的经验，为多家厂商提供过流量变现服务。维护数据产品经理的知乎专栏和社群，合著有《数据产品经理：实战进阶》一书。

李凯东

某视频媒体的大数据负责人，前京东数据中台应用数据平台部负责人、京东商城算法专家委员会核心委员，阿里天池数据科学家。京东研发最高成就奖项"杰出成就奖"获得者，在京东期间曾主导智慧营销，单条产品线 GMV 增长数十亿元；创办京东大数据比赛平台 JData，并举办全世界最大的单体大数据比赛。有 9 年创业经历，在社交、电商、O2O 等领域有多年经验和深刻见解，所创公司于 2014 年以 4000 万元估值被收购。

姚问雁

阿里云新零售客户成功经理，前中国移动网络通信专家、伊利大数据产品总监。拥有 9 年通信、零售、互联网行业头部公司工作经历，涉及平台研发、端到端闭环产品落地及商业应用推广、新零售数据中台与业务中台大型项目总控。具备多个数据产品从蓝图规划、产品设计到上线的全生命周期管理经验，涉及地理空间大数据、消费者舆情大数据、数据中台、业务中台、IoT 等。

高长宽

某独角兽数据公司资深 AI 产品经理，拥有 6 年数据分析和数据产品经验，擅长文本语义分析和社会化聆听，曾参与多个政务舆情项目和企业级社会化聆听项目。人人都是产品经理和 PMCAFF 社区专栏作家，发表数十篇文本语义应用的实战文章，受到广泛好评。

李庆辉

精通 Python 数据科学及 Python Web 开发，曾独立开发公司的自动化数据分析平台，参与教育部 "1+X" 数据分析（Python）职业技能等级标准评审。中国人工智能学会会员，企业数字化、数据产品和数据分析讲师，在个人网站 "盖若" 上编写的技术和产品类教程广受欢迎，著有《深入浅出 Pandas：利用 Python 进行数据处理与分析》一书。

郑欣

资深数据产品经理，曾在携程、苏宁易购等知名互联网公司从事数据产品相关工作。擅长数据平台规划和产品设计、数据埋点与数据指标建设、策略产品和流量分发、流量反作弊及订单反作弊等。曾参与电商公司数据埋点平台及流量分发从 0 到 1 的构建，以及互联网公司订单风控平台、电商平台反作弊平台的构建。

俞京江

某知名地产集团金融事业群产品负责人。有 10 年互联网金融行业产品设计经验，多年产品团队管理经验，精通金融行业产品的业务流程及功能设计。独立负责过五百亿交易规模的 App 的版本迭代，以及过单日破亿交易额的营销活动。有丰富的用户增长和营销获客实战经验，善于搭建体系化的营销服务管理系统，包括精细化运营平台、自动化营销平台、SCRM 等。

马晓冬

小米中国区市场部用户研究负责人。深耕市场研究、数字化领域 15 年，具有优秀的商业分析能力和敏锐的数据洞察力，擅长消费者洞察、数据分析与挖掘、数据产品规划设计及推广应用。长期供职于小米、伊利等全球 500 强企业市场部门，负责的零售大数据平台项目获得某全球 500 强企业集团年度数字化创新奖。深度参与多行业、跨领域的商业实践，兼具互联网和传统行业经验，全方位洞悉手机、快消、互联网等行业的发展趋势和业务管理特点。

张龙祥

数据产品经理，擅长数据分析的体系化和产品化，在电商和增长领域有一定的经验。

赫子敬

次元降维创始人，专注于在视觉领域的 AI 产品创新。有 8 年数据产品和数据分析经验，曾在多家大型企业担任数据负责人，精通全栈数据链路和数据策略。滴滴现代交通安全数据奠基人，2016 年帮助滴滴平台将安全事故降低 20%，在技术方面实现重大突破；2018 年全面负责爱奇艺 AI 产品线，帮助爱奇艺在内容制作、生产、分发环节全链路应用 AI 产品，大幅提升业务指标。

停云

高级数据产品经理，某公司数据部门负责人，曾就职于高朋网、平安集团、顺丰集团。拥有 10 年互联网行业从业经验，熟悉数据平台建设与数据运营、数据部门管理。对数据如何支持业务有深刻见解，曾在多家公司从 0 到 1 搭建过数据平台与数据运营体系。作为数据部门负责人，负责全公司的数据建设和数据应用，利用数据产品对内提升企业效率，对外销售数据产品。

程发林

某互联网物流领域上市公司数据产品经理及业务分析专家，熟悉市场上主流 BI 产品及指标体系的搭建，擅长从 0 到 1 完整搭建数据产品体系，包括埋点设计与采集、离线 / 实时数据仓库、用户画像、ASR 语音数据应用等。

华筱筱

7 年教育行业经验，在头部教育企业主导过多个从 0 到 1 的教学与学习产品。曾与教研、技术、运营团队密切合作，围绕教育知识图谱搭建自适应学习产品，打造自适应学习产品的标杆产品，并获得多项专利及软件著作权。

徐湲策

某安防公司前安全检测平台负责人，拥有 8 年 B 端和 G 端产品经理经验，负责过多个省级政企平台的产品设计和实施管理工作。

为什么要写本书

四五年前我开始在知乎上写数据产品相关的专栏，与众多读者进行了深入的交流，经常有读者问我有没有书可以让他们系统学习数据产品经理知识。问的人很多，我发现这是一个普遍性的问题：数据越来越重要，而数据产品的知识零散而碎片化，初入行者很难全面了解数据产品经理的知识。于是我组织了一些有经验的数据产品经理一起写一本书，来系统讲解成为数据产品经理需要的知识体系。

在写作过程中我们发现，这一主题所涉及的内容非常丰富，一本书根本放不下。于是我们就做成了一个数据产品经理系列，包括两本书：《数据产品经理：实战进阶》（简称《实战》）和《数据产品经理：解决方案与案例分析》（简称《案例》）。《实战》侧重于知识结构，写的是数据产品经理需要的知识内容，适合想了解数据产品怎么做的读者。《案例》即本书，侧重于实际项目，介绍了不同的项目，适合想了解数据项目能发挥什么作用并从中获得启发的读者。

本书特色

❑ 由来自多个行业的数据产品经理共同撰写，展现不同行业的全貌。
❑ 包含大量知识图谱、AI 等相对前沿并且在实际运营中取得良好效果的项目，让读者了解到先进的数据理念同样能够在企业中落地。

□ 包含数据分析、营销等业务性强，能够直接为公司带来收益的项目。

□ 本书中案例涉及各种类型的公司，既有互联网头部企业，又有垂直领域领头羊、初创公司、传统企业等，旨在让读者看到多个角度、多种公司的数据产品案例。

读者对象

本书适合以下人群阅读。

□ 数据产品经理：了解实际工作中可以实现哪些数据项目。

□ 企业领导者：了解数据在企业的营销、运营等方面能产生什么价值。

□ 想要转行成为数据产品经理的新手：完善自己的数据知识体系和职业成长规划。

如何阅读本书

业内的数据产品经理根据公司的不同和部门的不同，基本上分三类：数据应用类、数据建设类、策略类。在本书中，这三类数据产品经理的工作内容都有涉及。

在《实战》一书出版之后，部分数据产品经理认为很多工作不是数据产品经理的工作内容，特别容易对数据建设类内容产生疑问，认为应该由技术部门负责。而实际上，数据产品经理的工作内容很可能包括数据应用、数据建设和数据策略，这主要是根据公司的数据情况和个人情况而定的。

作为数据产品经理，我们要主动学习，开阔眼界，才能让数据价值最大化。目前，行业中大部分人对数据产品经理的职能和界限并不是非常明确，正因如此，我们的工作是没有上限的，我们可以做什么，完全靠自己争取。

如《实战》所说，你先留意了这些内容，才会对公司的数据现状进行思考和认知积累，才能知道公司的数据有哪些机会，这也是我们要分享各种类型的数据产品项目的原因。希望读者不要自我设限。

本书主要内容

本书共 14 章，分为数据建设、数据营销和数据驱动三部分。

第一部分　数据建设

数据建设是数据运转的基础，是数据发挥价值的关键。好的数据设施可以为公司提供准确的数据，并将数据使用和数据分析的步骤自动化，从而让公司能够批量、方便快捷地使用数据。本部分包含两章：

❑ 第 1 章　自动化数据分析平台的搭建
❑ 第 2 章　数据埋点的应用场景、工作流程与案例分析

第二部分　数据营销

营销是每个公司的业务核心，除了大量的资金投入外，还会有大量的人员投入。良好的数据营销平台可以助力营销工作。而营销人员的首要功课是研究用户需求，管理好产品，进而制定营销战略，加强获客能力。关于营销，本部分提供了以下案例：

❑ 第 3 章　数据中台和业务中台如何赋能自动化营销
❑ 第 4 章　零售行业大数据平台的构建和商业应用
❑ 第 5 章　舆情大数据助力精准化营销
❑ 第 6 章　利用社会化聆听辅助商业决策
❑ 第 7 章　商品分析方法
❑ 第 8 章　游戏商业化的关键问题和解决方案
❑ 第 9 章　在 B 端初创公司做数据运营

第三部分　数据驱动

数据产品经理可以进驻公司的每个部门，驱动该部门的业务发展，成为公司运转的核心和动力。本部分提供了多个行业的案例，所有这些案例都属于数据产品的一个分支——策略产品的范畴，其中一些案例的实现以人工智能为主。本部分包含以下内容：

勘误和支持

由于笔者水平有限以及技术的不断更新和迭代，书中难免会出现一些错误或者不准确的地方，恳请读者批评指正。如果你有关于本书的任何意见或建议，欢迎发送邮件至 yfc@hz.cmpbook.com。

致谢

感谢机械工业出版社的编辑杨福川在这一年多的时间里始终支持我们的写作，并对书的内容结构和写作提出了宝贵意见。

有多名志愿者参与了本书的试读并提出了宝贵意见，对本书质量的提升有很大帮助，他们是黄宇、李文滨、胡兆军、陈斌和萧饭饭。

感谢数据产品群千余名成员的活跃讨论和分享。

谨以此书献给数据产品经理路上的前行者！

杨楠楠

2022 年 9 月

目录

第一部分

数据建设

1

第1章

自动化数据分析平台的搭建

文 / 李庆辉

　　具备一定规模的互联网公司一般会设立数据分析师岗位，由其负责与业务方（运营人员、产品经理和管理层等）对接，进行数据提取、业务分析、业务预测等工作。但在实际工作中，经常会出现需求管理混乱、对接沟通反复、成果交付形式单一、工作成果无法沉淀与传承等问题。本章就来介绍作为数据产品经理，我们如何利用工具化思维分析上述问题的成因，并建设一个自动化数据分析平台来优化数据分析流程，以提高工作效率和交付能力。

　　使用该平台，数据分析师可以在线提取数据、分析数据、实现可视化并自动将数据发送给业务方。数据分析需求的管理也是本平台的一大亮点，它将数据分析的工作流程串联起来，整合企业 OA，加入自动化任务功能，把需求的输入和输出紧密联系起来，从而降低人力成本，提升人力资源效率。

　　下面将先对数据分析业务的现状进行梳理和分析，找出问题，接着按数据应用链条中的各个岗位角色进行需求分析，最后进行自动化数据分析平台的设计。

1.1　问题和现状

　　数据分析和数据的业务实践是一项跨团队、跨职能的协同工作，需要流程和制度来保障其有序进行。现实中，需求产生和调整的过程中缺少记录会导致目标失控，业务接手人需要从头探索，造成资源浪费，并导致数据分析师与业务方沟通需求费时、交付的数据无法满足场景需要、运营日报的交付费时费力等问题。

1.1.1　项目管理

数据分析是一项工程，是一个漫长的过程，从问题的提出到方案的确定，再到分析工作的实施、得出结论，其间还可能有无数次反复的数据探索、方案重新讨论。在没有项目管理及系统支撑的情况下，这个工作可能会失控，也有可能偏离目标。

业务的发展是一个演进的过程，中间会进行无数次策略调整，如果没有系统作为工具，每次调整的分析过程和数据依据很难沉淀下来，更难以形成方法论。

案例：A 公司为一家处于快速上升期的互联网公司，数据需求量大，但数据分析师流动频繁。新到岗的数据分析师接手分析业务时，希望了解业务的历史数据分析文档、数据分析思路及常用 SQL 模板，但由于之前没有完善的文档管理，只能从零开始学习和理解业务，自己探索分析思路，重新编写代码。分析过程和数据依据没有沉淀下来，造成了很大的资源浪费。

1.1.2　重复劳动

运营数据日报、周报是运营人员的周期性工作，旨在向参与者特别是企业管理层通知和汇报项目的运行情况。运营人员或数据分析师一般会先对每日产出的数据进行格式处理、指标计算、排版美化等，之后再发出。这些重复性的工作重要但烦琐，经常会消耗他们大量的时间。

还有一些监控类的数据需求，如新业务上线，需要运营人员每天甚至每小时关注某项指标的变化，以及时调整运营策略。如果没有主动消息推送的功能，运营人员就需要不停地刷新来查看数据。

此外，一些简单的数据分析工作其实不需要人工参与，使用简单的逻辑判断就可以得出结论，这也是数据分析师的一个重要需求。

以上这些问题都会让数据分析师和运营人员花费大量时间去做简单的重复

性工作，而没有更多的时间思考业务，致使业务无法创新，个人发展受到影响。

案例：小 A 是公司某项目的运营人员，需要每天发送项目的运营数据日报。数据日报的基本内容是一些项目指标的客观数据及一些简单的分析，小 A 将这些内容进行数据可视化后通过邮件发送给团队成员及管理层。由于没有实现自动化，他每天需要花费约两个小时整理日报，而他还需要整理项目周报、月报等。数据整理工作占用了他大量的时间，他也因此被同事们戏称为"表哥"。

1.1.3　工作流程

为了保证数据挖掘和分析工作的有效推进，企业对数据分析岗位采取了不同的整合方式，一般来说有以下几种。

1）有独立的数据分析部门的，采用接单模式。有业务数据需求时，数据分析部门会分派数据分析师进行对接，从项目的前期到整个数据分析生命周期结束全程参与。这种模式的优点是可以灵活配置人力资源，但缺点也很明显：数据分析师有点像独立第三方，由于服务对象不固定，无法深入理解业务。

2）数据分析师岗位设立在运营部门的，采用贴身服务模式。数据分析师和运营人员共同负责一条业务线，能够实现优势互补，数据分析师也会全身心地投入到项目中，从而全面理解项目。但这样也有缺点，如果公司存在多条互相交织的业务线，那么会有多个属于这种模式的数据分析师，他们都只了解自己所负责的业务线，无法从公司整体出发进行全局思考。

3）数据分析师接受双线管理，即采用双线模式：数据分析师岗位设立在数据分析部门，但同时受业务负责人的绩效考核。双线模式可以利用制度创新的优势，既能实现数据分析师的有效流动和与业务的高度匹配，又能让数据分析师为业务提供长期、稳定、全面的支持。

一般流程是：运营人员提出需求，数据分析师与运营人员讨论需求并确定分析方案，数据分析师实施方案并输出数据与结论，运营人员进行验证。运营人员如果有疑问，会和数据分析师查找问题，重新讨论分析方案并确定新方案，直至解决疑问。

在这个过程中，以上的不同组织架构可能会带来不同的业务流程。例如：如果数据分析工作由数据分析部门承担，则数据分析会以类似外包的形式进行，业务方发起需求时会受数据分析部门的内部管理制度、资源排期等因素影响；如果数据分析师同在业务部门，则数据分析师可能会经常遇到同质需求，无法更好地从平台全局出发分析业务。

案例：A 公司为每个业务设有专职的数据分析师岗位，但由于各业务的复杂度、运营节奏不同，数据分析师的工作量时多时少，加之公司没有整体的数据分析流程，无法进行数据分析资源的统一调度。

无论采用以上何种组织架构和工作流程，若没有相应的系统作为支撑，就很难实现从过程到结果的有效管理。如何保证资源调度的有效性，同时保持数据分析师的独立性，在讨论系统工具时还需要从人员组织架构和制度流程层面进行重新思考。

1.1.4　数据交付

数据交付包含数据分析师按照分析方案得到的数据表格、可视化图表、分析结论等，有时还包含分析业务背景和分析过程的数据分析报告。总的来说，交付物往往存在交付不完整、交付形式不能满足需求、不能周期性交付等问题。

1）交付不完整。数据分析师与业务方反复确认的过程会涉及多次数据发送，最终确定一个交付稿。实践中，很多数据分析师会使用企业内部的即时通信工具交付过程稿，而以邮件形式发送最终的交付稿。这样，其他分析思路和结果并没有体现，不容易探究最终方案的形成原因，也无法将这些分析思路沉淀下来。

案例：数据分析师小 A 负责对某业务的用户留存率下降原因进行分析。在向运营人员了解了近期的运营动作后，他制定了一个数据分析方案。在分析过程中，他又与运营人员讨论了其他几个分析方案并实施，最终选择了一个大家比较认可的方案作为最终交付。但业务方按交付结论对业务采用运营手段进行干预后发现效果不佳。此时运营人员想到之前在做数据分析时得出过更符合当前结果的结论，但由于没有规范的过程文档管理，此方案的文档未保留，无据可查。

2）交付形式不能满足需求。业务方对于交付形式也有一定的需求，比如需要进行一定的可视化，需要定期收取，需要存在变量的数据（如每天收到前一天的数据），数据可分发给其他同事，等等。多样的交付形式可以大大提升数据的使用效率，但并不是总能得到很好的支持。

案例：A 公司新上线了一项业务，在上线前确定了此业务的几个核心指标，并要求了解这些指标每小时的变化。数据分析师已经完成了 SQL 脚本的编写，但由于公司没有对自动化数据交付功能的系统支持，他只能每小时运行 SQL 脚本并将数据发送给业务方。

3）不能周期性交付。对于一些非高频数据，用户希望仅在需要的时候主动获取；对于一些周期数据，希望可以订阅、取消收取等。但很多系统并不能很好地支持这些功能。

案例：A 公司开发了一个社交 App，每次发版后都需要了解 Android 和 iOS 系统的更新比例。运营人员无法自主获取此数据，需要找数据分析师通过数据查询获取。

1.1.5 小结

以上总结了运营人员和数据分析师在协同使用数据的过程中产生的一些流程问题和诉求。上述案例中，数据在经历了一系列庞大的系统工程后最终被交付到用户手中，如同在经过千万道工序后生产出一件优质的商品，采购、物流、仓储环节都很完美，但最终交付到用户的过程却不尽如人意。我们要解决的就是最终数据的使用体验问题，这也是我们建设自动化数据分析平台的初衷。

接下来，我们分析一下在数据应用链条上的各方的诉求。

1.2 需求分析

通过上文的问题和现状分析，我们确定了通过一个在线系统来解决这些问题。这个系统用来承载数据分析工作流程，包括数据分析需求的发起、数据需求的承接、代码的编写、数据的调度、数据的处理、数据的验收交付等各个环节。本节从数据分析工作流程出发，结合数据工作中的各个角色做一下需求分析。

1.2.1 流程梳理

对数据分析的工作流程进行梳理后得到图 1-1。

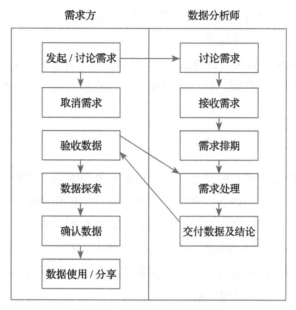

图 1-1　数据分析工作流程

　　具体流程是：需求方（一般为业务运营人员）编写需求文档，发起数据分析需求，与数据分析师讨论和确定需求；数据分析师接收需求并进行排期，按排期处理需求，完成后交付给需求方一版数据集，由需求方验证。如有疑问，需求方会再与数据分析师讨论并调整；如无疑问，需求方对数据集进行分析和总结，形成报表（如有需要可向其他相关人员分享）。

1.2.2　数据需求方

　　在企业里，数据的需求方一般可以分为两类：业务运营人员和公司决策人员。业务运营人员是数据需求的主要发起方，他们的主要需求如下。

- ❑ 在数据流程上，能够随时发起需求，将需求清楚地传达给数据分析师并得到及时响应，且后续环节流程明确、操作简单、可视化，方便自己调整工作节奏。
- ❑ 在交付阶段，能够验证数据，加工数据集，进行更多的数据探索操作。有数据分析能力、掌握数据相关技能的运营人员可以进行与数据分析师相同的操作。
- ❑ 在交付形式上，交付物不需要自己再进行大量的本地操作（如使用 Excel

整理数据和进行可视化），运营日报、周报能够自动化交付，还可以将数据快速分享给相关同事。

公司决策人员一般为运营负责人（如运营总监）和公司管理人员，他们希望定期收到业务的核心数据，自己在讨论业务时能够方便地读取数据，对数据进行探索分析。

1.2.3 数据分析师

数据分析师是本平台的核心用户，他们在处理需求时需要一个流程化的单据来帮助自己整理工作内容，管理优先级，使业务流程清晰化。他们希望：在取数阶段，有丰富的源数据可用，能够创建临时数据表来存储分析数据，能够将自己编写的 SQL 脚本和数据处理脚本放在线上；在代码编写过程中，能够进行版本管理和测试；在交付数据时，能够线上化，无须导出线下文件，需求方可以自主使用、下载和订阅数据。

1.2.4 产品经理

这里提到的产品经理一般指数据产品经理。作为数据仓库建设的负责人，他们希望发挥数据的最大价值，让用户能够顺畅地使用数据，为业务提供支撑。产品经理也有非常多的数据使用场景，如调研数据仓库信息、监控数据指标、巡查数据质量问题等。产品经理以数据分析师身份来使用本平台。

打造数据价值工具也是产品经理的主要工作，建设一个高效的数据分析平台能够更好地体现产品经理在企业数据体系中的价值。

1.2.5 开发人员

一些企业的开发人员以数据分析师身份来使用本平台，他们会配合数据分析师做一些数据提取、数据源建立、关系型数据库管理的工作。如果将这些工作系统化，开发资源将会得到释放。利用开发资源开发一个有业务价值的平台，更能体现技术价值的放大作用。

1.2.6 小结

本节分析了企业中各个岗位对于数据分析工作的基本诉求，这些分析可以帮助我们创建功能更完善、可用性更强的业务系统。接下来，我们开始自动化数据分析平台的设计工作。

1.3 平台搭建

做足了需求分析，本节正式设计和搭建平台。平台的设计遵循顶格规划、必要设计、分期实施的原则。对于一个新业务平台的分析，不能只着眼于解决当前问题，还需要考虑较长期的业务发展，实现较全面的场景覆盖，为平台的发展留下想象空间。在设计时要分清枝叶，着重满足当前迫切的需求，在实施过程中，分拆出一个 MVP（最小可行产品）快速上线，快速迭代。

1.3.1 功能架构

本平台的功能分为底层功能和应用功能两部分，底层功能提供数据源管理、数据集管理、账号权限等系统最底层的功能，应用功能提供数据需求单、数据分析单、自动任务调度、数据探索工具等实用功能。平台的功能模块见表 1-1，后文将一一详述这些功能模块的用途和设计。

表 1-1 自动化数据分析平台的功能模块

功 能 组	模 块	功 能	备 注
底层功能组	数据源管理	对公司内外部数据源的管理	
	数据集管理	创建关系型数据存储数据表，查询已有的数据集	
	账号权限	账号的开通、注销、角色、权限	可接入企业的公共账号
应用功能组	数据需求单	数据分析单的创建、修改、流转、完结	
	数据分析单	数据分析师对数据的处理单据，包含所有 SQL 脚本、Python 脚本、分析结论等	一个数据需求单支持多个数据分析单，同时支持多版本管理
	自动任务调度	对数据分析单的自动调度，设定调度后按周期自动执行数据分析单	
	数据探索工具	对数据集的筛选、聚合、可视化等	

1.3.2 数据需求单

数据需求单是本平台的核心业务单据，所有数据需求的发起都会生成数据需求单，后续的工作进展也会引起数据需求单状态的变化。数据需求单的主要内容见表1-2。

表1-2 数据需求单的主要内容

内 容	说 明	备 注
需求单号	需求单的编号，系统自动生成	
需求名称	需求的主题，表明需要分析的关键诉求	
状态	需求单的当前状态，根据业务进展和操作自动变化	
发起人	需求的发起人，根据账号自动记录	可追加记录发起人的部门等信息
需求类型	需求的分析，根据公司过往的需求情况分析，如业务异常分析、业务预测、提取数据、数据处理等，方便数据分析师初步了解需求和进行工作分配	
需求内容	描述需求背景、分析诉求等内容，可以附上之前的相关数据需求单（如有），以帮助数据分析师了解背景	
优先级	需求的优先级选择	
期望交付时间	需求方期望的最晚交付时间，在需求讨论阶段可以与需求方协商	
排期时间	数据分析实际排期时间	
期望交付方式	需求方期望的数据交付方式，均为线上形式	
完结时间	数据需求最终完结的时间	

数据需求单是本系统的业务流程管理系统，是数据分析工作的主流程，不仅解决了前文分析的需求管理方面的诸多问题，让需求方和数据分析师之间的协同更高效，而且作为公司数据资产的一部分，将在知识积淀、项目复盘、业务传承、绩效管理方面发挥重要作用。

下面根据业务流程，结合需求单的状态，说明一下需求单的业务流转情况。

1）待接单。这是需求单创建后的默认状态，此时等待数据分析师领取需求单。需求单可以由数据分析部门负责人根据各个数据分析师的专长和工作排期来分配。

2）待排期。此时需求已经分配给了指定的数据分析师，数据分析师与需求方就需求进行讨论，确定需求、期望交付时间等内容，最终将确认结果写到需求单中。

3）待处理。此时排期已经完成，确定了交付时间，数据分析师还没有开始处理需求。

4）分析中。数据分析师正在进行数据分析工作，在平台上编写代码，撰写分析报告。在此阶段，需求方可以参与进来配合数据分析师的工作。

5）已交付。数据分析师交付了一个版本的数据后，需求方对交付数据、分析结果进行核对和验证，过程中可能需要开会，让数据分析师做数据分析报告。如调整了分析策略，数据分析师会再次进入分析中状态，如此往复，直至完成整个数据分析工作。

6）已完结。整个工作已经完成，由需求方或数据分析师操作完结需求单。

不难发现，状态的命名基于的是下一步的操作，而不是当前已经做了什么，这样做的好处是能让各方都清楚下一步工作是什么。

在权限方面，可以对所有人开放需求发起功能。发起需求时可以指定接单人，也可以允许自己接自己的单、多人接同一个单等，以让整个业务体系更加灵活开放，为所有人特别是非数据分析师赋能，不会因系统化而让业务受到掣肘。

案例：业务运营人员小 A 之前发起数据需求时，需要给数据分析负责人发邮件，并在邮件中写明需求背景、诉求及期望时间；有了自动化数据分析平台后，他可以在平台上创建数据需求单，只需要写明需要的数据及分析内容，并附上之前类似需求的数据分析单链接。数据分析师 B 对需求单中的项目比较熟悉，于是接单开始工作，按照数据分析单流转，最终在平台上完成了任务交付。整个过程对运营部门负责人和数据分析负责人可见。

1.3.3　数据分析单

数据分析单是在数据需求单的基础上创建的数据分析单据，在其上可以完成数据提取、数据分析、数据可视化、数据交付等工作。数据分析师接单后，创建一个数据分析单，开始数据分析工作。数据分析单中的部分内容见表 1-3。

表 1-3　数据分析单中的部分内容

内　容	说　明	备　注
分析单号	分析单的编号，系统自动生成	
分析名称	分析单的主题，表明使用的分析方案	
关联需求单	分析单针对的需求单号	无须填写，自动关联

（续）

内　　容	说　　明	备　　注
数据分析师	创建数据分析单的用户，即本需求的数据分析师	
数据源	选择自己可用的数据源	
数据源 SQL 脚本	针对数据源，如果是数据库，查询数据所使用的 SQL 脚本	可以是多个
数据源脚本	用于爬虫、本地数据读取的 Python 脚本	
数据集处理脚本	一个 Python 脚本，负责将查询到的数据处理成一个新的数据集	
数据集	数据集的存储形式，如 SQLite、CSV、内存、关系型数据库等	可以是多个
交付数据处理脚本	将数据集处理为最终交付数据的 Python 脚本，如果无此脚本则直接交付以上数据集	
交付数据	交付数据的存储形式，如 SQLite、CSV、内存、关系型数据库等	可以是多个
交付方式	最终数据的交付方式，如在线查看、邮件发送、文件下载等	
数据分析结论	此处可填写或者上传数据分析报告	

　　一个数据需求单支持多个数据分析单，便于多个数据分析师同时分析同一个需求，对一个需求实施多个分析方案。如图 1-2 所示，在数据需求单中可以创建多个数据分析单对数据需求进行分析。

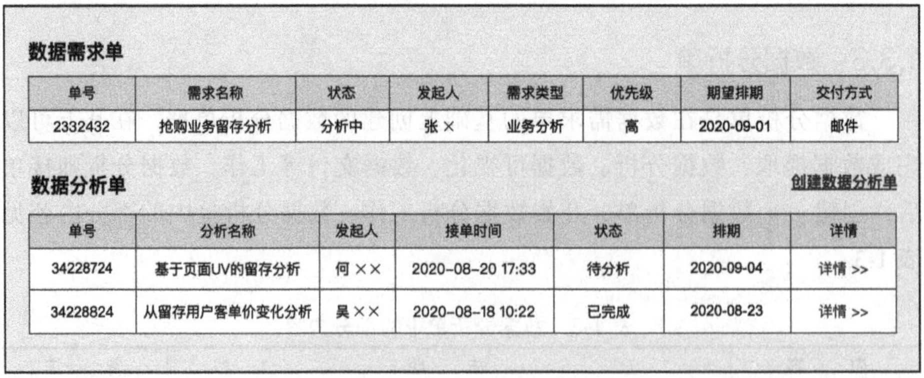

数据需求单

单号	需求名称	状态	发起人	需求类型	优先级	期望排期	交付方式
2332432	抢购业务留存分析	分析中	张××	业务分析	高	2020-09-01	邮件

数据分析单　　　　　　　　　　　　　　　　　　　　　　　　　创建数据分析单

单号	分析名称	发起人	接单时间	状态	排期	详情
34228724	基于页面UV的留存分析	何××	2020-08-20 17:33	待分析	2020-09-04	详情 >>
34228824	从留存用户客单价变化分析	吴××	2020-08-18 10:22	已完成	2020-08-23	详情 >>

图 1-2　数据分析单界面

　　接单人在数据需求单下创建数据分析单，进入数据分析工作阶段，数据分析师的所有数据分析过程均在数据分析单上完成。对数据源粗加工得到的数据称为"数据集",数据集是我们做数据分析的"食材"。通过处理得到结果数据、可视化内容、分析结论后,就可以进入交付阶段了。在下文的数据分析过程中,我们将详细介绍数据分析单的功能。图 1-3 给出了数据分析单的内容构成。

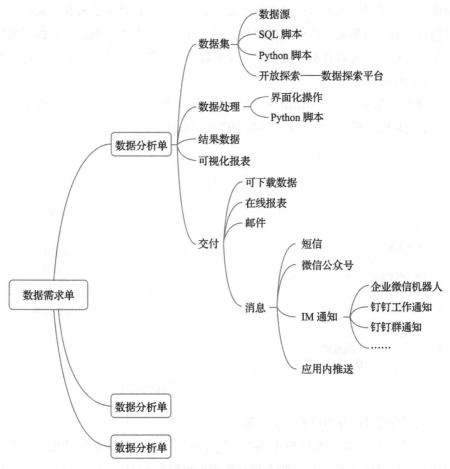

图 1-3 数据分析单的内容构成

案例:运营人员小 A 发起了一个数据分析单。由于需求量较大,数据分析师 B 和 C 同时接单,并各自创建了数据分析单开始工作。他们在数据分析单上编写 SQL 脚本,得到数据集后,使用 Python 脚本对数据进行了处理,还增加了数据可视化,最后通过邮件交付数据。

1.3.4 数据分析过程

数据分析单的操作为本系统的核心功能，所有的数据分析工作都在数据分析单上进行。产品经理在做产品设计时应该与开发人员、数据分析师深入交流，将从数据源中查询出数据、对数据进行探查处理、编写数据分析代码、输出可视化图形、撰写分析报告、指定数据交付方式等分散的功能集成在一起，这些功能对应的环节形成完整的工作流程。如果缺少其中某个功能，产品的可用性会大打折扣，因为对数据分析工作流程中各个环节需要的功能的有效整合关系到系统的成败。

数据分析单操作的功能组成和流程如图 1-4 所示。接下来我们结合业务场景对上述数据分析单操作中的一些功能进行详细介绍。

图 1-4　数据分析单操作的功能组成和流程

数据分析过程分为以下几个步骤。

1）获取数据集。通过 SQL 脚本、Python 脚本从数据源获取数据后，可以利用界面化操作或者 Python 脚本将其处理为数据集（见图 1-5），这时需求方就可以自主在数据集上进行数据探索了。如果还需要进一步处理，可针对数据集编写 SQL 或 Python 脚本。

2）数据集处理。可以开发界面化的数据工具来对数据集进行处理，但务必让该工具支持 Python 脚本。Python 是数据处理的利器，可以实现数据清洗、数据筛选、数据形状变换、数据可视化。

图 1-5　获取数据集功能示意图

3）数据分析。对处理好的数据进行数据分析和可视化，从而得出结论（还可以利用 Python 的库包进行数据建模、机器学习等操作），这是数据分析师的必备技能。本平台对 Python 脚本的支持可以让数据分析师尽情发挥。图 1-6 所示为对数据进行可视化分析。如果需要其他语言（如 R），可以集成。

4）数据交付。产生最终的数据结果并得到数据分析结论后，进入数据交付阶段。根据前期的需求沟通结果，通过在线配置设定交付形式，完成数据交付。

案例一：运营人员小 A 会编写一些简单的数据处理脚本。他首先在自己创建的数据需求单上创建了一个数据分析单，接着使用数据分析师编写的 SQL 脚本查出数据集，最后编写了数据处理脚本。后续需要此数据时，他只需执行此数据分析单便可得到想要的数据。

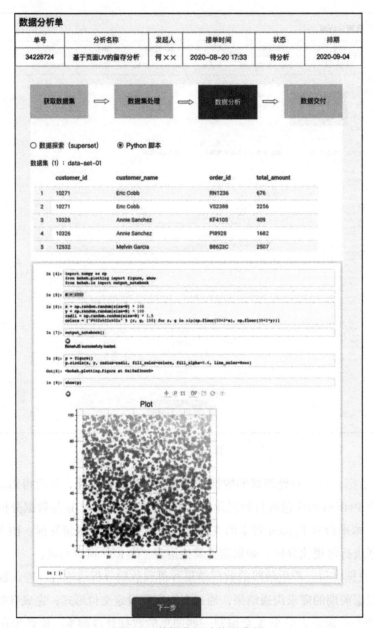

图 1-6　数据分析功能示意图

案例二：数据分析师小 C 以往的工作流程是，接到需求后，首先在公司大数据查询平台上使用 SQL 脚本导出数据集，然后使用 Excel 做些数据透视和数据可视化工作，最后通过邮件将数据发送给需求方。使用自动化数据分析平台后，她通过创建数据分析单对接需求，在分析单中在线编写 SQL 脚本，产出数据后，用几行 Python 代码就完成了数据处理和可视化，最后设定通过邮件将数据发送给需求方。需求方下次需要此数据时可以自主执行此数据分析单，并接收数据。

1.3.5　数据源

在数据分析单中首先需要有一个数据源。数据源丰富多样，一般包含以下几种。

- ❑ 本地数据文件。本地数据文件主要是由用户自己上传的数据文件，可以是 CSV、Excel 文件，也可以是 SQLite 数据库文件等，通常为业务沉淀数据、配置数据等。例如过去一年每天的订单量，由于需要做数据同比，为了缩短查询时间、提高效率，可以将数据沉淀到数据源里。也可以将从数据仓库中查询取到的数据集保存为本地数据文件。

- ❑ 关系型数据库。将从数据仓库查询取到的数据存入关系型数据库，用作数据探索，允许用户在此库中创建表来承接查询结果。可以将数据集纳入关系型数据库，还可以每天定时将业务数据同步到关系型数据库中，作为数据源来解决数据需求。

- ❑ 大数据数据仓库。对接企业级的数据仓库，由 Spark、Hive、Impala、HBase、GBase 等引擎提供 SQL 语句查询。

- ❑ 外部数据。利用外部数据，由第三方公司提供接口，传入一定的参数，查询后返回结果数据，流转到数据处理流程中。

- ❑ 爬虫采集数据。编写爬虫脚本，利用 HTTP 访问获取指定页、接口的数据，然后流转到数据处理流程中。此功能解决前端业务监听等需求。

丰富的数据源给了平台处理能力想象空间。试想一下，在公司的所有数据都接入这个平台后，所有数据分析相关工作也都会迁移到此平台上，成为推动平台持续建设的强大动力。

在权限方面，可以对数据源设定精细的权限，以保护公司数据资产。例如：关系型数据库、大数据数据仓库可以细化到表级别，必要时可以到字段级别，视公司的数据规模和安全策略而定。

1.3.6 数据仓库对接

企业一般会建立一个大数据仓库，并由专门的数据产品经理负责建设。在建设数据仓库时，按照大数据分层理论逐层聚合，形成不同层级的数据库，每个数据库中包含不同主题的数据表。这些数据都需要接入自动化数据分析平台，数据分析师会利用 SQL 对这些库表进行查询来获得数据集。数据仓库建设的内容可以查阅相关图书，这里简单介绍一下典型的分层方法。

- ❑ 操作数据层（Operational Data Store，ODS）。这一层原封不动地承接从业务流转过来的原始数据，包括从业务库同步过来的业务数据、从外部采集的数据，如前后端埋点、第三方接入数据等。当然，并不会同步业务库中的所有字段，而会根据实际业务需求进行选择。此外，还会对数据进行脱敏处理。

- ❑ 数据明细层（Data Warehouse Detail，DWD）。这一层解决数据质量问题，以一定的主题对 ODS 中不同的表进行加工清洗，建立一个稳定的、业务最小粒度的明细数据。这是数据分析师用得最多的数据层。

- ❑ 数据服务层（Data Warehouse Service，DWS）。这一层对 DWD 做了聚合，如按时间（按日、按月）、按用户等维度，与其他表联合加工出更多的同维度信息，使得一个主题的数据量大大减少。

- ❑ 数据集市层（Data Mart，DM）。这一层面向应用，表与表之间不存在依赖，基本与最终可用于数据分析的数据集差不多，可以存储在关系型数据库中。

企业一般会用 Hadoop 生态套件处理数据仓库分层工作，并利用 Spark、Hive、Impala 等查询引擎对外提供服务。套件也有专门提供的 SQL 管理工具，图 1-7 所示为 Hue 提供的 SQL 查询功能，可以参考集成。如需要 SQL 审计、库表权限等功能，可以自主开发 SQL 查询平台。

可设计为数据仓库支持多个 SQL 查询数据，提供一个输出接口，如 { 分析单号 }-sql-01、{ 分析单号 }-sql-02，然后利用 Python 脚本读取这些结果数据，再进行汇集处理，最终形成数据集。可以自动生成一个 SQLite 数据库文件存储这个数据集，也可以将它存入内存，等待下一步处理。如果需要长期自动更新，可以存储在关系型数据库（如 MySQL）中的一个数据表里，每次自动更新时追加新的数据。完成数据集的创建后，进入数据探索阶段。

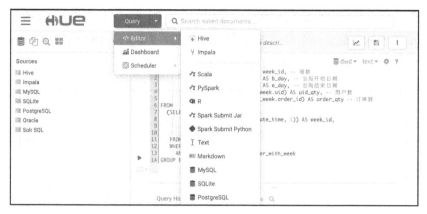

图 1-7　Hue 数据查询界面

1.3.7　底表管理

这里的底表是指承接数据集的数据表。在本平台中，关系型数据库是数据集存储的主要方式之一。关系型数据库还可以作为数据源应用到下次的数据分析中。对于周期性需求，需要考虑数据的追加机制。我们可以提供在线创建和管理数据表的功能，同时在创建表时增加相关的配置。一般按承接数据的维度设置索引，如果遇到同索引的数据，可以设置为覆盖原数据还是忽略。当然，对于不同索引的数据一般会执行 insert 操作。

可以提供一个执行建表 SQL 语句的界面化操作工具，也可以提供一个界面来完成这项工作。图 1-8 所示为 phpMyAdmin 提供的 MySQL 在线创建数据表工具界面。

1.3.8　数据探索

为了挖掘数据集所代表的业务趋势信息，我们需要进行一些数据探索，如通过分组、排序了解数据的分布情况。在进行数据探索时可以借助工具，市面上有许多数据探索工具，如 Tableau、Power BI、DataHunter、Quick BI 等。为了通过数据找到规律，对数据集进行随心所欲的筛选、聚合、分组、计算、可视化，这是一项非常重要的工作。在获取到数据集后就可以进行这项工作了。

可以集成第三方智能 BI 多维分析工具，供运营人员分析使用。通过接入成熟的开源数据探索工具，可以减少重复开发，加快产品化进程。这里推荐 3 个常用的开源工具，分别是 Superset、Metabase 和 Davinci（达芬奇）。前两个是用 Python 开发的，最后一个是用 Java 开发的。图 1-9 和图 1-10 分别为 Superset 数据探索示例、Superset 官方数据看板示例。

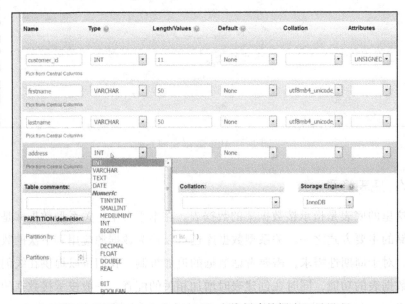

图 1-8　phpMyAdmin MySQL 在线创建数据表工具界面

图 1-9　Superset 数据探索示例

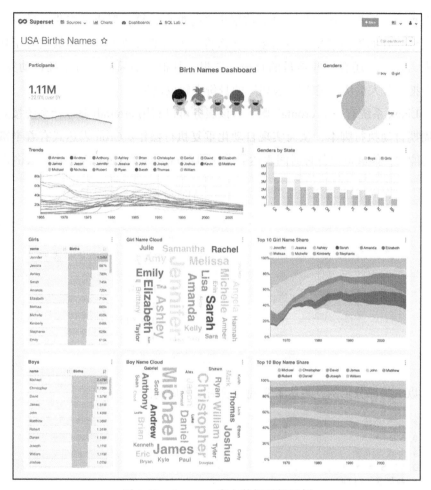

图 1-10　Superset 官方数据看板示例

可以将数据探索的结果数据配置成一个 BI 报表，分享给其他人查看。

案例：运营人员小 A 想从多个维度（性别、地域、使用手机型号等）了解自己所负责业务的人群分布情况。在数据分析师通过 SQL 查询取到明细数据集后，小 A 利用在线数据探索功能自行按不同维度进行了多次分析，最终完成用户画像分析，并将分析结果分享给其他同事。

1.3.9　自动任务调度

很多需求为周期性的，需要每天、每周查询数据，如果系统能够自动执行数据查询并汇集为数据集，再对数据集进行聚合计算，形成可视化，最后对数据按建立好的模型输出分析结果，那么将会大大节省数据分析和数据使用环节的人力资源。还有一些项目的日报、周报、月报，如果能交由系统自动完成，将会把运营人员从"表哥""表姐"的身份中解放出来。

Linux 系统有一个 crontab 服务，该服务可以利用 crontab 命令让系统按规定的周期自动执行脚本，从而实现自动化重复执行操作。Cron 表达式有着丰富的表达能力，能够适应各种时间表达需求。图 1-11 所示为 Cron 表达式语法格式。

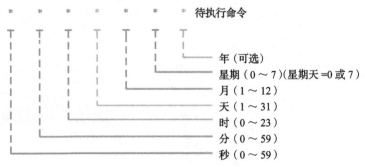

图 1-11　Cron 表达式语法格式

以下为部分示例，表达了实现自动调度的周期。

```
# 每 5 分钟
0 5 * * * ?
# 每天 5 点半
0 30 5 * * ?
# 每周五 18:18
0 18 18 ? * FRI *
# 每天 8 点到 23 点，每小时
0 0 8-23 * * ?
# 周一到周五，每天 8 点到 22 点，每 3 小时
0 0 8-22/3 ? * MON-FRI
# 当月 13 日 10:30、14:30、17:30
30 10,14,17 13 * *
# 每天 6 到 8 点，每 10 分钟
*/10 6-8 * * *
# 周一 00:05
5 0 * * 1
```

我们设计一个自动任务调度单来完成这项工作，该调度单中的部分内容见表 1-4。

表 1-4　自动任务调度单中的部分内容

内　　容	说　　明	备　　注
调度单号	自动调度单的编号，系统自动生成	
调度名称	调度的名称，说明此调度的目的或完成的任务内容	
Cron 表达式	填写 Cron 表达式内容，用来确定执行时间	支持多个
创建人	创建调度的用户	
创建时间	创建调度的时间	
执行数据分析单	关联数据分析单，到执行时间时自动执行数据分析单	支持多个

　　调度单在需求单下创建，一个需求单下可以创建多个调度单。在调度单中填入 Cron 表达式以确定调用周期。可以填写多个表达式，让周期设定更加灵活。需要为调度单设定执行的数据分析单。在我们的设计中数据分析单已经非常灵活，数据分析师可以发挥想象，实现非常多的功能。

　　由于要实现自动化数据分析，我们需要考虑在数据分析过程中数据交换的依赖关系。例如：从源数据中查询的多个 SQL 语句要有一定的顺序，不能同时执行，否则会让处理脚本报错。数据集生成后才能进入数据分析过程，数据分析过程完成后才能进行数据交付。考虑到测试工作的需求，在调度单上有必要增加一个手工执行的功能。

　　此外，还有一些变量问题，比如各个 SQL 语句中的日期。在编写 SQL 语句时，如果要查询截至前一天的数据，我们会加 where 条件，如 where day < 20220801，其中 20220801 为当天的日期。如果写死，每天会得到一样的结果，而不是我们需要的每天截至前一天的数据。因此就要在 SQL 语句中设计一个变量的表达方式，来表达这个例子中当天的变量。比如 where day <{{today|YYYYMMDD}}，其中双花括号代表了一个日期及格式，today 就是任务执行的当天。如果想表达前 3 天，可以用 {{today-3|YYYYMMDD}}。还有一些文本类型的变量，在填写 SQL 语句时增加一个变量输入框进行赋值，用 SQL 语句来进行调用。这方面的设计可以与开发人员共同商定。

　　案例：数据分析师小 C 需要每周一、周二、周三发送某项目的数据。她在数据分析单中编写的 SQL 语句将数据查询日期设置为变量 {{today-1|YYYYMMDD}}，即执行截至前一天的数据，并创建了自动任务调度单，Cron 表达式为 0 0 8 ? * MON-WEN。系统会自动在每周一、周二、周三的早上 8 点发出数据邮件。

1.3.10 数据交付

数据交付会涉及数据的交付形式。自动化平台的优势体现在可以满足实际工作中的众多交付场景，在交付设计上一定要结合公司的现行制度按照优先级提供支持。根据之前的设计，我们的自动化数据分析平台有以下交付方式。

- ❑ 在线报表。需求方可直接在数据分析单上查看数据，也可重新对数据集进行探索，生成自己的个性化报表。
- ❑ 数据文件。将数据集或数据探索结果下载到本地，一般用于线下的本地二次加工。不过有了自动化在线平台，这个需求会大大减少。
- ❑ 邮件。邮件是非常典型的数据交付方式，邮件中可以包含正文数据表格、正文可视化图片、Excel 附件、交互式的可视化 HTML 页面附件等。
- ❑ 短信。短信适合接收一些核心数据、监控数据、预警数据，需要利用账号体系中的用户手机号码，需要考虑要不要设置勿扰时段。
- ❑ App 通知。如果有内部办公 App，可以考虑通过该 App 的推送体系对一些预警数据进行推送。
- ❑ IM 通知。企业内部办公用的 IM 工具，如钉钉、企业微信等，都开放了聊天消息、群消息通知的推送功能，可以将数据和可视化图片推送到 IM 工具上。

另外，以上交付方式的接收人可以由需求发起人管理。比如新同事需要通过邮件接收某个数据通知，需求发起人可以将其加入交付的邮件接收人列表中。其他人可以订阅周期性调度数据。如果企业对数据权限管理严格，可以增加一个交付接收的在线流程。

需求方可以将数据分析结果分享给指定的人在线查看，也可以将数据分析单的交付报表整合为 BI 报表，形成一个完整的 BI，从而放大数据分析工作的成果。

案例：A 公司使用钉钉作为工作 IM 工具。某个业务上线后，为便于监控业务的运行情况，该公司在自动化数据分析平台上设置了定时数据发送功能，可每小时将该业务的 PV、UV、交易额发送到钉钉中的公司运营群里。

1.3.11 账号体系

一个完整的账号体系由以下两方面组成。

❑ 账号信息：包含用户名、用户密码及用户辅助信息（如手机号、职级信息等），用在系统的业务流程中。

❑ 权限系统：对有必要做权限管理的功能点设立权限，无权限者无法访问和操作；多个权限组成一个角色，每个账号可以分配几个角色。

在账号信息方面，由于涉及的是内部系统，因此建议与企业内部的员工账号打通，这样可以方便地获取员工邮件、手机号等信息，将登录验证交由公共模块完成，从而保障安全性。

在权限系统方面，对有必要做权限管理的功能点设立权限。例如：对部分数据源设置使用权限；设置只有需求发起人才能查看数据分析单，其他人想要查看，只能通过需求发起人的分享。数据分析操作的相关功能可以开设给运营人员、产品经理，这样我们抽象的是系统角色，而不是实际的工作岗位。

对于账号的管理，设立一个系统管理员角色，开统一管理权限，后期可完善权限申请审批流程。

1.3.12　小结

本节全面介绍了系统的架构及各项功能的细节，解决了之前提出的业务难题。当然，系统不能解决所有问题，但系统化是解决问题的一个重要思路。将线下业务系统化的目的是提高企业效能，系统也需要跟随业务不断进化。

相对于一般产品来说，本系统的设计是一个专业化程度较高的过程，需要产品经理既对数据的整个链路相当了解，又善于观察业务中出现的各种问题，研究形成原因，提出优化方案。

1.4　项目问答

本节就自动化数据分析平台建设中的常见问题做一下解答。

1.4.1　需求方是谁

大多数业务需求会有一个主要的需求方。比如运营活动，运营人员承担着相应的业务增长压力，而业务的增长将在运营活动中实现，因此运营人员自然而然地成为运营活动的需求方。回到本项目，对于一个流程及工具项目，似乎数据使用方（如运营人员）和数据提供方（数据分析师）都可以作为需求方，不过我们不妨换个思路，数据分析流程和数据交付是公司数据体系建设的一个重要工作节点，补足这部分才能让数据发挥更大的价值。因此，笔者更希望由数据产品经理承担起需求方这个角色，通过收集各方需求，构建一个用户体验流畅的平台。

1.4.2　哪些方面花的精力最多

首先，本系统涉及的人员较多，要了解这些人员的工作内容和工作流程，需要做大量的调研工作。

接着，需要对调研到的需求进行分析，特别是重新对工作流程进行规划设计，并与各业务方达成一致，其中需要做大量的沟通工作。

最后，在产品设计阶段，需要全面认识数据的流向，并理解相关技术在平台中的应用。

这三方面都需要花费数据产品经理大量的时间。

1.4.3　本项目的产品经理需要掌握哪些技能

本项目的产品经理需要掌握的技能分为两方面：一是对数据分析过程的理解，二是对相关技术的了解。在数据分析工程方面，需要掌握常见的数据分析方法、思路和流程；在技术方面，需要了解数据治理、Hadoop大数据套件、数据处理技术、数据可视化等。

1.4.4　如何平衡成本与收益

本项目的最大难点是，提出一个让业务干系人认可的全局性解决方案，并在执行过程中及时发现新问题，修正与迭代解决方案。另外，还需要权衡成本收益问题，本项目完成后确实能大幅提升效率，也能打通公司数据分析业务的各个节点，但同时存在需求点和功能点多、开发成本高的问题。我们可对本项目按优先级进行分期实施，比如先进行底层功能建设，接着做数据需求管理方面的功能（对应数据需求单功能），然后做数据分析操作功能，最后做自动调度、数据探索等功能。同时留出时间来深度思考业务、分析需求。

本章总结

本章指出了大数据环境下数据分析流程中存在的问题，提出了建设一个自动化数据分析平台的设想，并完成系统设计，对实施细节进行了分析。作为数据产品经理，我们除了在数据治理层面投入大量精力外，还需要关注数据的使用层面，毕竟数据能够带来价值是我们的最终目标。

在本平台的设计过程中，数据产品经理需要及时发现公司在数据工作中暴露出的主要问题，凭借良好的沟通能力了解各个工作角色的诉求，特别是要对运营人员、数据分析师的工作进行深入观察。同时，还要对 Hadoop、Hive、SQL、Python、可视化等数据处理相关技术有所了解，需要有能力协同开发，对一些开源的数据处理项目进行调研。

最后，希望这个平台设计案例能给各位数据产品经理、准数据产品经理带来思考和启发。

第 2 章
数据埋点的应用场景、工作流程与案例分析

文 / 郑欣

数据埋点是指基于业务需求（如淘宝双 11 促销页面统计每个 banner 的点击次数）、产品需求（如推荐系统统计推荐商品的曝光次数及点击人数），对每一个用户行为事件对应的位置进行埋点，并通过 SDK 上报埋点的数据结果，将记录数据汇总后进行分析，以推动产品优化或指导运营。

本章详细介绍数据埋点需求的实现，是《数据产品经理：实战进阶》第 4 章 "数据埋点体系"的补充和延展。主要内容包括数据埋点的应用场景与工作流程、埋点需求实战案例、埋点规范样例与测试样例。本章讲述的是后端埋点，通篇以电商平台广告埋点为例进行讲解，同时基于精细化运营的需要进行多维度分析，并对与用户账户、风控有关的业务数据进行深入分析。数据埋点的逻辑是相通的，读者可以结合自己公司的业务需求进行调整。

2.1 数据埋点的应用场景

数据埋点可以记录用户的被动行为和主动行为，对用户行为的各种数据进行统计和分析。

2.1.1　数据埋点的作用

对于互联网公司来说，数据埋点有着多方面的实际作用，包括但不限于以下这些。

- ❑ 了解和跟踪数据的总体情况：PV、UV、曝光点击数、用户数、会员数、复购率等。
- ❑ 用户行为分析：用户的使用习惯、用户的决策路径、用户使用产品的热力图分布等。
- ❑ 掌握产品的变化趋势：产品每日流量、产品所处的生命周期，以及电商大促活动前后一周、两周的数据变化趋势等。
- ❑ 数据形成反馈，用于产品迭代：用户行为的转化漏斗，基于用户行为（浏览、点击、关注、收藏、加购、评论、分享）、商品、店铺、品类、大促活动等的转化率。

2.1.2　后端数据埋点的分类

按照统计数据的不同，后端数据埋点分为曝光埋点、点击埋点和页面事件。

1. 曝光埋点

页面曝光是为了统计各业务端（App、内嵌 H5、PC、WAP、微信小程序）内的页面局部区域是否被用户有效浏览，比如淘宝 App 首页联版、微信朋友圈露出的广告资源位、抖音 App 的开屏页等。

要衡量页面各区域用户的点击率，需要先弄清楚各个区域分别被多少用户看到过。一个区域每被用户看到一次，就可以记为一个曝光事件。有了曝光，才会有用户点击行为。对于页面曝光需要单独埋点，即页面曝光埋点。

进行曝光埋点时需要获悉以下两点。

- ❑ 曝光统计逻辑。同一用户上下滑动页面只算一次曝光，不会重复统计。如果用户在浏览时页面重新请求接口，认为用户浏览的区域发生了替换，则会重复统计用户的曝光。（这是数据采集时统计曝光的逻辑，与客户端按照请求次数来统计有所不同。）
- ❑ 曝光统计标准。曝光统计并无一致的标准，各家公司要求不同。在页面曝光的区域大小上，一般来说，App、WAP 等终端露出 100px（不到

1cm）就算曝光了；在页面曝光的停留时间上，以笔者的经历来看，10s
甚至15s的用户停留时长才算曝光。用户曝光是用户的被动行为。

2. 点击埋点

用户在各应用内的任意一次点击都可以记为一次点击行为。比如，购物车
的点击、微信朋友圈的点击、图片的点击等都可以记为一次页面点击。区别于
被动的用户曝光行为，用户点击是主动行为。对页面点击进行单独埋点就是页
面点击埋点。

我们可以通过用户行为得到点击PV、点击UV，也可以通过页面曝光和页
面点击计算出页面各个区域的点击率（点击率 = 页面点击数 / 页面曝光数）。

3. 页面事件

页面事件通常指对页面各种维度的信息的统计，常见的有当前页面URL、
用户账号等。事件往往通过页面各个参数进行透传并最终落表。

页面事件统计的信息通常包括以下几部分。

- 用户来访设备信息：用户设备标识码、浏览器版本、浏览所用的终端、
  站点编码、屏幕分辨率等。
- 当前页面访问信息：用户账号、用户会员编码、当前页面URL、用户访问
  时间、上次访问时间、访问时长、页面停留时间、用户退出页面时间等。
- 页面来源信息：广告来源、上一页面URL等。
- 页面去向信息：去向页URL、去向页标题等。
- 商品信息：商品编码、供应商编码、店铺编码、商品名称、商铺名称等。

2.2 数据埋点的工作流程

本节介绍日常工作中数据埋点的完整工作流程，它既有流程图，也有数据
埋点的需求，涉及项目需求（含产品经理自提需求）的承接、评审、跟进、上线
以及项目复盘的各个业务环节。

2.2.1 数据埋点的流程图

数据埋点工作是以数据产品为核心来推动的。数据产品经理负责数据埋点

的整体工作，包括验证数据埋点的质量、判断数据埋点的准确性（包括日常工作中上线的数据埋点的准确性）等。一般的数据埋点需求关联的工作人员如下（另外还有部分需求会涉及数据采集、数据仓库），其工作流程会在本节的流程图中体现。

❑ 业务方：页面运营人员、产品运营人员。

❑ 数据产品线：**数据产品经理、数据产品测试人员**。

❑ 广告产品线：广告产品线产品经理。

❑ 页面产品线：页面产品经理、页面测试人员、页面前端开发人员。

互联网公司的点击埋点、曝光埋点的协作流程图如图 2-1 所示，详细说明如下。

1）业务方提出需要对接的坑位信息，运营人员填写《广告坑位埋点位置表》。

2）广告产品线产品经理梳理业务场景，完善《广告坑位埋点位置表》并通知各页面产品经理、数据产品经理接入。

3）页面产品经理提供《页面需求文档》（内含《广告坑位埋点表》），数据产品经理提供《数据埋点需求文档》（内含《埋点规范》），由各产品线合并文档生成《广告需求文档》（内含《广告坑位截图表》）。

4）广告产品线产品经理通过邮件邀约所有人员进行线下评审，邮件标题：【重要】××（广告位名称）–××（类别）–××（广告位置）需求评审。会后发送《会议纪要》（内含《上线时间表》与《需求计划时间里程碑表》）。

5）功能开发完毕后发布到测试环境，由页面产品经理通知各广告产品线验收，广告产品线验收后通知数据产品测试人员验收。

6）数据产品测试人员发送测试验收结果及《测试报告》。

7）页面产品经理和广告产品经理整理上线流程并发送《上线公告》，通知数据产品经理验收。

8）数据产品经理验收后提交广告产品线验收，并由广告产品经理发送《上线验收说明》告知业务方验证结果，待业务方验收。

9）业务方验收后反馈数据供产品线验证，产品线提供数据供数据产品经理验证，之后数据产品经理反馈《验收结果报告》。

10）结束埋点需求，埋点正式上线。

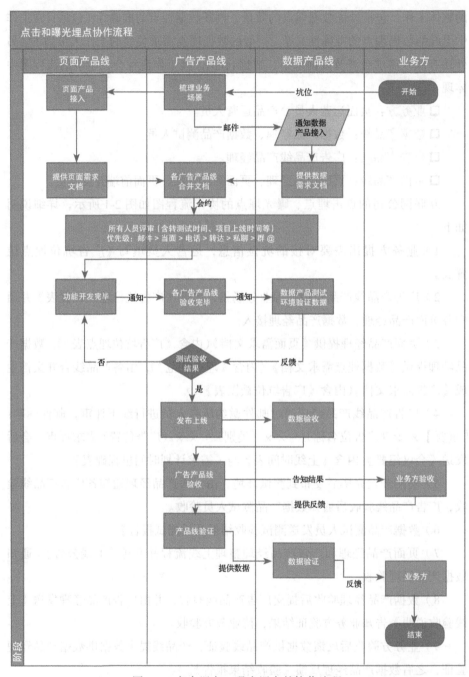

图 2-1　点击埋点、曝光埋点的协作流程

2.2.2　数据埋点的日常流程

1. 提出埋点需求

运营人员提出埋点需求：不仅涉及埋点的位置，比如 App 的开屏页、App 首页联版、App 首页 banner 位，还涉及需要埋点的终端，比如有的埋点需求只需要进行 App 端的埋点，而有的埋点需求需要进行 App 端、微信小程序、WAP 端等多端的埋点。

产品经理自提埋点需求：数据产品经理在进行竞品分析及日常使用产品时，也会根据业务情况提出埋点需求。

2. 梳理埋点需求，整理埋点方案

不同终端（App、内嵌 H5、PC、WAP、微信小程序等）的埋点方案各不相同，通常至少需要包括以下几点。

- ❑ 埋点的位置：需要添加埋点的位置，比如登录页上的按钮、页面底部导航、搜索结果页等。
- ❑ 埋点的参数：用户浏览、点击的页面位置需要通过前端页面开发埋入的参数，比如页面编码、模块编码、区位编码、商品编码、店铺编码、页面特殊参数等。每个位置的埋点必须是全站唯一的，不能重复。
- ❑ 终端类型：对各终端进行约定，表示终端的标识。比如，约定 App 终端为数字 1，WAP 终端是数字 2，等等。
- ❑ 模板名称：需要埋点的页面的模块位置、页面的模板名称。例如，模块位置——App 首页轮播 banner，模板名称——轮播 banner 位第二个资源位。

数据产品经理需要将自己整理的数据埋点方案与业务方、前端开发人员核对，以确保埋点方案可行。

3. 需求评审，埋点文档评审

数据产品经理写出数据埋点需求文档，列出埋点位置、埋点所需的参数、涉及的埋点终端、埋点需要调用的接口、埋点是否需要异步触发、本次埋点需求期望的上线日期和联调日期等。

埋点需求评审的参与人员有业务线产品经理、数据产品经理、页面产品经

理、前端开发人员、测试人员、业务线开发人员、数据开发人员。在必要时，比如新增埋点的产品类型时，还需要与数据采集人员、数据仓库管理人员沟通数据埋点需求。

4. 埋点开发阶段

前端开发人员需要根据埋点需求进行埋点开发，实现相应的曝光埋点、点击埋点、埋入页面参数、异步触发请求（对于广告等埋点需求，在点击埋点关联到广告扣费结算时，需要再触发一次请求）。

5. 埋点联调测试阶段

埋点开发结束后，进入埋点联调测试阶段。在联调测试阶段，需要在测试环境下验证曝光埋点和点击埋点是否正确、埋点的参数是否有遗漏或错误。

6. 埋点上线

埋点测试验证通过后，将埋点按照约定的日期上线。上线时同样需要测试。在生产环境下，可以下订单来验证订单归因（简单来说，订单归因就是通过订单能否验证订单的来源、来源对应的埋点位置）。

7. 埋点需求复盘

埋点上线后，及时更新埋点验证情况，列出每期上线的埋点及需求内容。总结在每期埋点项目中遇到的问题，这样后面在推进新的埋点需求的过程中可以少踩一些坑。

8. 埋点数据统计与用户行为分析

部分公司会开发数据埋点平台，这些平台会按天、按周、按月对每个数据埋点进行数据统计；可以对同一个位置进行曝光埋点、点击埋点和页面事件的同比、环比趋势对比，比如淘宝 App 首页在 618、双 11 等大促活动的趋势对比；可以根据埋点数据做用户增长，提升用户留存率，比如根据淘宝 App 商品四级页的点击到达率来分析用户在之前哪个环节跳出。

2.2.3　数据埋点工作中的常见问题及应对措施

1. 业务方的需求太多了怎么办

需求太多是非常普遍的问题，因为业务方都希望能获得更多的数据支持。

如果多个业务方同时提需求，很容易超过数据团队的工作承受量。这时，产品经理可以考虑这样做。

1）算出具体人力缺口：列出本期业务方所有需求，计算所有需求总共需要多少开发人力以及目前能提供的总开发人力，得出开发人力缺口是多少人天。

2）填补人力缺口：开发人员加班调休补上缺口；缺少测试，数据产品经理可以进行自测；从其他中心部门借用开发人力。

3）补人力缺口后依然有缺口的策略：向业务方反馈，召集业务方、开发人员、测试人员、产品经理共同开会，说明开发人力本期能承接的最大需求数量。请业务方给出每个需求的优先级，本期只承接优先级靠前的若干个需求，按照需求优先级来开发，其余需求留待下期完成。

2. 数据埋点工作中的其他常见问题及应对措施

1）埋点被污染、被占用。笔者曾遇到过公司金融部门误用了广告埋点的规则，造成金融 App 页面的数据大量被作为广告埋点的数据上报，严重影响了广告数据埋点的准确性。出现类似的情况时，需要第一时间对占用埋点的页面数据进行过滤，回刷数据，同时通知占用埋点的页面方改变埋点方式，并实时监测埋点上报数据是否正常。

2）没有进行埋点或者错误地进行埋点。在实际工作中，页面开发人员有时会忘记埋点或者将埋点字段弄错，导致页面没有埋点数据。页面开发人员新上电商促销页面或者进行页面改版时容易出现这样的情况。该问题出现时，需要先抓包，看是否有埋点，如果有，看埋点是否正确（比如曝光埋点与点击埋点有没有分开），同时需要看埋点上报缺少哪些数据。问题定位后，通知页面产品经理、页面开发人员进行相应的埋点，并实时验证埋点。

3）埋点上报大数据中心时解析错误。数据埋点会被采集数据并上报到数据仓库，数据仓库会对埋点进行解析，解析后将数据下发到对应的部门。在实际工作中，会出现大数据数据仓库并没有对于某些数据埋点进行解析，造成下发数据丢失的情况。出现这样的问题时，需要快速定位哪些埋点没有被解析，正确的解析规则是什么，同时通知大数据数据仓库变更埋点解析规则，并回刷历史数据。接受下发数据的部门也需要回刷历史数据。在解决这样的问题时需要再次验证埋点数据并确保已回刷数据。

4）数据埋点落表的数据错误。在实际工作中，会出现接受埋点数据进行统计的报表数据出现错误的情况。这时需要查清是否可以实时及离线接受下发的数据、报表接的数据源是否有误、报表进行数据统计的代码是否有 bug 等情形。定位问题所在后，需要开发人员及时进行修复，回刷数据，并在修复发布后及时验证数据。

2.3 埋点需求实战案例

本节以笔者所在公司的经验为依据，介绍对 App 端搜索结果页坑位进行埋点的实战案例。

2.3.1 业务线坑位埋点位置

运营人员或数据产品经理会提出每期要上线的埋点需求，其中包括埋点的位置、埋点涉及的页面终端类型（App、PC、WAP、微信小程序）等。App 的埋点位置说明见表 2-1。

表 2-1 App 的埋点位置说明

业务线位 ID	类别	业务线位名称	日志字段名	页面	业务线位置	页面产品经理
700000001	搜索	热卖搜索页（App）	search	搜索页	左 1～4	张三

2.3.2 业务线坑位截图

以互联网广告业务埋点为例，数据产品经理需要在需求评审阶段告知开发人员埋点在电商 App 中的具体位置。在如图 2-2 所示的业务线坑位截图中，左侧带"广告"字样的位置就是需要埋点的坑位（搜索结果页—冰箱—坑位 1）。业务线坑位名称为 App 端搜索结果页业务线单品。

2.3.3 页面坑位埋点

在需求评审阶段，数据产品经理还需要根据数据字典，告知开发人员在搜索结果页—冰箱的广告坑位埋点需要埋入的具体参数。页面参数是 App 页面已有的参数，比如页面编码、模块编码、坑位编码等，如表 2-2 所示。

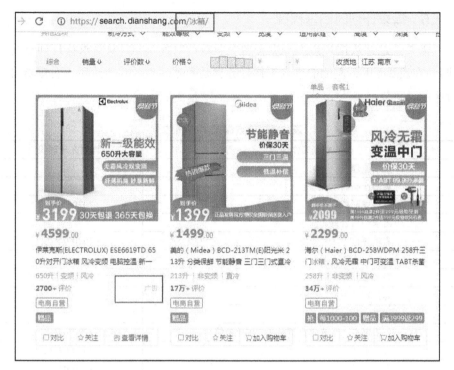

图 2-2 业务线坑位截图

表 2-2 页面坑位埋点参数

站点名称	站点编码	页面名称	页面编码	区块名称	模块编码	坑位名称	坑位编码	更新人
电商	123abc	App 端搜索结果页—冰箱	30000_7_6_6ep	业务线单品	755804	业务线单品 1	1	李四

2.3.4 上线时间

运营人员、数据产品经理、开发人员、测试人员会根据每期埋点的开发量评估出埋点上线时间（正式对外提供服务的时间，比如 SDK 更新时间、App 页面改版时间），如表 2-3 所示。

表 2-3 埋点上线时间表

序号	任务项目	负责人	产品	测试	开发	上线计划	计划完成日期
1	App 端搜索结果页—冰箱—坑位 1	王五	孙六	郑七	胡八	05/04	05/04

2.3.5　需求计划时间里程碑

需要规定好数据埋点上线流程各个阶段的时间节点（从需求梳理到最终上线）。在表 2-4 中，左侧的重点工作任务就是数据埋点的各个阶段，右侧给出了对应的时间节点。

表 2-4　埋点需求的时间节点

重点工作任务	计划完成时间
需求梳理	
页面产品需求梳理	
埋点规则梳理	2020/04/02
需求编写合并	
需求评审	2020/04/10
ITP 项目立项	
服务端开发	
客户端开发	
测试	
点击埋点、曝光埋点测试（广告业务线）	2020/04/20
发布上线	2020/04/22
上线后验证	2020/04/23

2.3.6　埋点测试报告

开发人员完成埋点开发后，需要对本次埋点进行数据测试，测试埋点质量，比如能否统计到埋点数据、埋点数据是否有空值、埋点数据是否有丢失。（2.4节包含本次埋点的翔实测试样例。）埋点测试报告的样例见表 2-5，该报告由测试人员提供。

表 2-5　埋点需求测试报告（测试案例覆盖情况展示）

JIRA 编号	需求或者缺陷描述	测试负责人	用例数	结果
-01	搜索结果页（业务线位名称）—冰箱（类别）—坑位 1（业务线位置）需求	张三	2	通过

2.3.7　上线公告

需求确认后，需要通过邮件将本次埋点的上线公告发送给埋点涉及的运营人员、开发人员、测试人员和产品经理。公告的具体内容如下。

搜索结果页（业务线位名称）—冰箱（类别）—坑位1（业务线位置）将于4月23日上线。

经过评审，新坑位可以实现和业务沟通确认的需求。

本期上线功能：

同测试需求。

2.3.8　上线验收说明

在埋点上线后，需要通过邮件将本次埋点的上线验收说明发送给埋点涉及的运营人员、开发人员、测试人员和产品经理。验收说明的具体内容如下。

搜索结果页（业务线位名称）—冰箱（类别）—坑位1（业务线位置）已于4月23日上线。

针对本次埋点项目，对上线数据进行了埋点数据校验，校验结果如下。

本期效验功能：

同测试需求。

2.3.9　验收结果报告

在埋点上线，有展现和曝光等数据以后，需要通过邮件将本次埋点的验收结果报告发送给埋点涉及的运营人员、开发人员、测试人员和产品经理。验收结果报告的具体内容如下。

搜索结果页（业务线位名称）—冰箱（类别）—坑位1（业务线位置）已于5月4日上线。

针对本次埋点项目，当前业务线曝光数据和点击数据请见报表。

数据来源：5月5日数据报表。

2.4　埋点规范样例与测试样例

本节以笔者的工作经历为依据介绍埋点验证过程，并提供验证埋点的思路。读者可以将其作为参照，并结合自己所在公司的具体情况进行埋点验证。本节中的数据来源于2.3节介绍的实战案例。

2.4.1 App 端曝光埋点、点击埋点样例说明

要对 App 端搜索结果页坑位进行埋点，页面前端开发人员需要埋入埋点所需的全部参数，并且需要对曝光和点击分开埋点，即曝光埋点需要埋一次，点击埋点还需要埋一次。详细的埋点样例说明如下。

- 对于数据来源为广告系统的场景，须页面在 targeturl 字段中传入广告接口中的 apsClickUrl 参数。
- 因为 App 是使用路由跳转的，而广告使用点击进行计费，所以需要异步触发访问 apsClickUrl 进行计费。
- 目前 App 的点击事件，调用自定义接口进行上报，其中 event_name 固定为 comclick。
- App 的曝光事件，调用自定义接口进行上报，其中 event_name 固定为 exposure。

对于内嵌 H5 务必异步触发（需要多请求一次埋点链接，即请求两次）。使用 sahref=apsClickUrl 进行点击埋点，使用 clickurl 进行跳转。

注意，pageid、modid、eleid 参数最好是字母和数字的组合，如果一定要有符号，不能有符号 "."。

表 2-6 给出了埋点需要埋的具体参数。

开发人员在埋入本次埋点需要的 eleid、modid、pageid、targeturl 等参数后（具体参数见 2.3 节，其中参数 targeturl 是广告参数，会有 CPC 和 CPM 等广告业务线信息、广告计划、广告跳转页面等），生成链接或二维码，告知测试人员进行测试。

2.4.2 本次埋点的曝光、点击测试

测试人员浏览、点击冰箱搜索结果页中带有"广告"角标的广告位（见图 2-3），测试广告位置的曝光、点击、页面传的参数等（见 2.3.3 节中的埋点参数）。

1. 验证点击埋点

在测试工具 Charles（网络公用的测试软件）中可以看到图 2-4 所示的请求信息，找到 saSdkLog.gif 的 logType 为 2 的报文。

表 2-6　埋点需要埋的具体参数

字段类型	字段名称	参数	定义	说明	传值场景	价值
	event_name	comclick	事件名称	event_name 传值为 comclick		标识曝光、点击事件
业务字段	event_detail	pageid	页面编码	当前页面 ID（埋点后台申请；如果该坑位已经申请过，不用再申请）	必传	坑位所在页面的标识
		modid	区块编码	当前区块 ID（埋点后台申请；如果该坑位已经申请过，不用再申请）	必传	坑位所在区块的标识
		eleid	坑位元素编码	唯一标识坑位申请；如果该坑位已经申请过，不用再申请）	必传	后续用于统计坑位点击量
		eletp	元素类型	区别点击按钮的类型，如果面枚举值不满足业务要求，联系数据采集人员增加枚举值	下列场景必传：商品详情页（prd）、促销页（cuxiao）、店铺首页（shop）、品牌详情页（brand）、类目列表页（cate）、资讯文章（article）、视频播放页（video）、单独购买、立即购买（buynow）、收藏按钮（collect）、加入购物车按钮（addtocart）、拼团、领优惠券（coupon）、热搜词（hotkeyword）、历史搜索词（histkeyword）、搜索联想词（reckeyword）	

（续）

字段类型	字段名称	参数	定义	说明	传值场景	价值
业务字段	event_detail	prdid	商品编码	优先传商品子码，没有子码传通码	eletp 为 prd、collect、addtocart、buynow 时必传，其他能获取到 prdid 的场景也要求传	后续用于商品坑位的点击数据
		shopid	店铺编码		eletp 为 prd、shop、collect、addtocart、buynow 时必传	后续用于店铺坑位的点击数据
		targeturl	广告参数	广告接口的 apsClickUrl 参数	广告商品，必传（注：targeturl 字段为大数据采集规定的字段名称，不可修改）	
		brandid	品牌 ID	传商品主数据的 brandCode	eletp 为 brand 时必传	
		recvalue	推荐内容	推荐接口的 handwork 参数。若未取到则传 rec	按推荐系统要求传值，对接推荐	
		searchvalue	搜索内容	搜索接口的特定参数值拼接	按搜索系统要求传值，对接搜索	
		cateid	类目 ID	传商品主数据的销售目录 ID	eletp 为 cate 时必传	
		contentid	内容 ID	传资讯文章 ID	eletp 为 article 时必传	
		activityid	活动 ID	优惠券活动 ID	eletp 为 coupon 时必传	
		text	文本内容	如有中文和特殊符号，需要进行 UrlEncode 编码	点击坑位的文本内容，非必传	
		imgsrc	图片链接		点击坑位的图片链接，非必传	
		......	其他 key	根据需求传入，传入前找数据采集产品经理申请		

图 2-3　埋点坑位截图

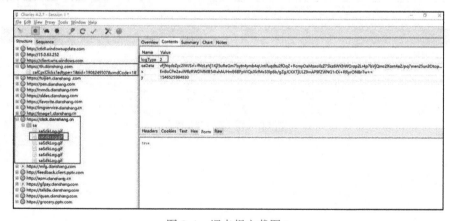

图 2-4　埋点报文截图 1

复制图 2-5 中的 logType=2&saData=... 行，并粘贴到数据采集系统中进行解密。

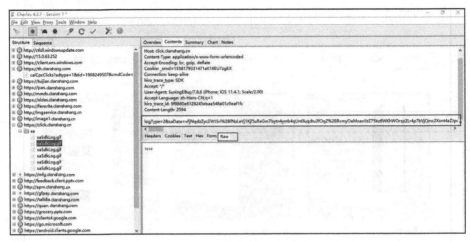

图 2-5　埋点报文截图 2

打 开 http://ssa.dianshang.com/ssa-config-web/ssa2-tools/index.html#/msgDecryption。该链接平台是笔者公司的内部平台，外网打不开，读者可以在百度搜索"报文解析"，找到网络公用的报文解析平台。

依次选择"埋点测试"→"报文解密"，再将报文粘贴到文本域，最后点击"解密"按钮，见图 2-6 和图 2-7。

图 2-6　报文解析平台示例

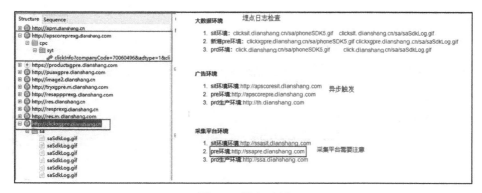

图 2-7　报文示例

搜索关键字 "th."（prd 环境、xgpre 环境、sit 环境的关键字不同），检查 targeturl 是否正确（prd 环境、xgpre 环境、sit 环境的 URL 是不同的，此处为 prd 环境），点击埋点的 targeturl 的参数需要与曝光日志一致。检查 event_name，comclick 表示点击日志（区别于曝光日志），见图 2-8。

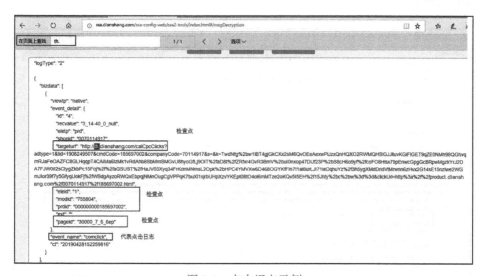

图 2-8　点击埋点示例

2. 验证曝光埋点

重新进入广告商品页面，点击商品页面查看 logType 为 9 的报文，见图 2-9。

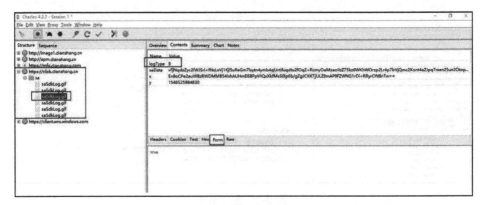

图 2-9　曝光报文示例

报文解密后可以看到 event_name 为 exposure，它表示曝光日志（区别于点击日志）。检查 targeturl 是否正确，其参数需要与点击日志的 targeturl 带有的参数相同，并且 eleid、modid、pageid 这些参数与点击日志中的值一致（见图 2-10 中的方框）。

图 2-10　曝光埋点示例

3. 验证埋点的异步触发

因为 App 是使用路由跳转的，而广告使用点击进行计费，所以以需要异步触发访问 apsClickUrl 进行计费。（点击的时候需要异步请求 apsClickUrl 里的值，请求两次。)

具体的检查内容如下。

1)检查上报的 <head><title> 是否为 302。

2)检查 event_name。报文解密后可以看到 event_name：为 exposure 表示曝光日志，为 comclick 表示点击日志。

3)检查 targeturl（具体埋点参数）是否正确。

4)检查 eleid（坑位编码）、modid（模块编码）、pageid（页面编码）与点击日志中看到的值是否一致。

下面通过 3 张图来看看检查的内容。

检查上报 <head><title> 的参数。图 2-11 为检查方框中上报的 <head><title> 是否为 302。图中出现的是 302，说明上报正确。

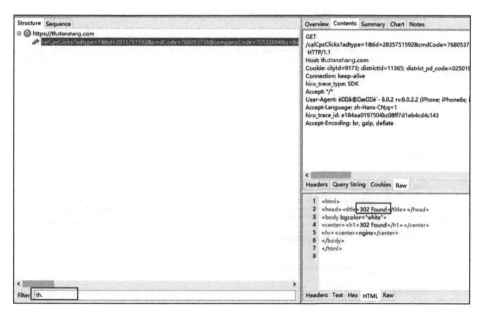

图 2-11　异步触发抓包的报文

检查点击日志。图 2-12 中的方框中是需要检查的埋点 targeturl、eleid、modid、pageid、event_name。

检查曝光日志。图 2-13 中的方框中是需要检查的埋点 targeturl、eleid、modid、pageid、event_name。

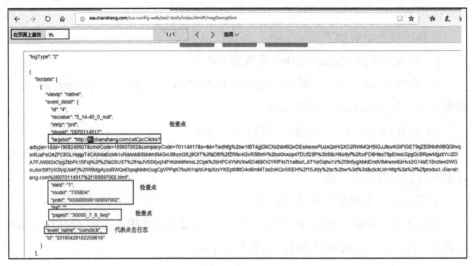

图 2-12　异步触发点击埋点的样例

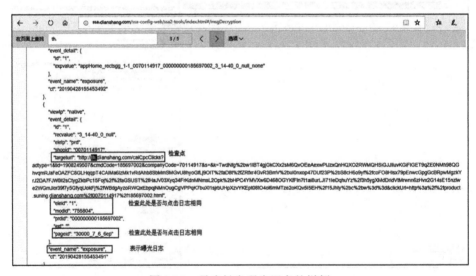

图 2-13　异步触发曝光埋点的样例

2.5　埋点"七字诀"

经过大量的埋点需求项目实践，笔者总结出埋点的七个要点，简称"七字诀"（对应图 2-1 所示的点击埋点、曝光埋点协作流程）。

❑ 位：埋点的位置。

❑ 埋：埋点规范对接，前端开发埋点。

❑ 时：开发进行埋点后的联调时间、上线时间。

❑ 测：埋点在联调、上线时测试。

❑ 传：埋点测试通过后传的参数，埋点传参经过数据采集、数据仓库（对部分字段进行解析）。

❑ 表：埋点经过数据采集、数据仓库传参后落表，为实时或离线的 Hive 表。

❑ 统：埋点验证成功后的统计。

第二部分

数据营销

第 3 章
数据中台和业务中台如何赋能自动化营销

文 / 俞京江

2012 年，中国的国民财富已经积累到一定程度，但大部分居民的投资渠道仍然十分有限，金融服务并没有完全普惠化。2013 年的一个标志性事件是余额宝爆发式增长，我们迎来了互联网金融元年。

笔者正是在 2013 年进入互联网金融行业的，当时互联网技术开始在风控、资产管理、业务运营、金融产品创新、用户运营、营销推广等方面与金融进行全面融合，互联网的规模效应及旺盛的投资理财需求吸引了很多互联网从业人员。我们团队目前在做的事情是为社区业主提供家庭财富管理服务，包括但不限于固定期限类、浮动收益类、基金、保险、银行金融产品等多样性的金融产品及社区增值服务。

在线上的营销推广方式上，互联网金融公司与其他互联网公司没有本质区别，我们同样遇到了由粗放的流量营销所引发的成本控制、转化率等问题。在流量红利逐渐消失的背景下，不只是互联网金融行业，所有互联网行业都需要探索如何通过数据驱动精细化运营，实现降本增效。本章主要从营销侧出发，分享数据在营销自动化中的应用。

3.1　我们做自动化营销的起因与整体思路

在展开介绍案例之前，先介绍一下我们做自动化营销的起因与整体思路。金融行业的营销有一些特点，比如用户使用频次低、获客成本高、用户的决策门槛高、容易因为各种原因（政策环境、安全性顾虑、资金规划等）流失、营销话术有行业规范性要求、金融营销类触达限制等。我们的业务在原来的单一固收类产品基础上新增了保险、基金、浮动收益类等，多业务并行发展对于技术团队的响应速度要求很高。我们需要考虑如何通过能力整合提供更好的营销服务，而不是让每条业务产品线各自为战。有效的营销能力整合和自动化有助于节省多业务条线下的人力成本，营销人员可以将更多的精力放在营销策略的制定上，而将大部分执行（提数、圈选用户、触达）的业务动作自动化实现，从而提升整体运营效能。

因此，我们从用户运营体系的四方面（推广获客、营销策略、运营活动、用户激励体系）出发，基于 AARRR 模型（获取、激活、留存、营收、传播），以忠诚度、服务、获客为导向提供基于数据服务的营销自动化应用，见图 3-1。

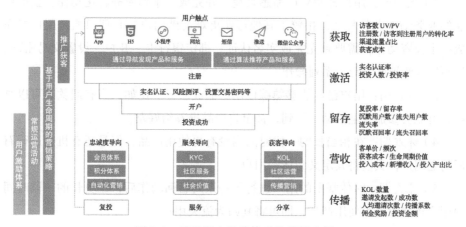

图 3-1　基于用户运营体系的营销应用

3.2　方法论：用户运营体系

我们把用户运营体系分为推广获客、基于用户生命周期的营销策略、常规运营活动、用户激励体系四方面。

1. 推广获客

首先要梳理清楚我们有哪些用户触点，包括渠道的和自己的应用端以及消息触达。应用端包括 App、H5、小程序、网站，消息触达包括短信、推送、微信公众号的模板通知等，前者让用户通过导航发现我们的产品或服务，后者可以利用算法为用户推荐产品或服务。

这两个方向的触点都能找到很多场景来做数据驱动。比如，作为一家财富管理平台，我们可以通过用户群筛选进行分群的产品展示，对于风险承受能力一般的用户，推荐比较稳定的金融理财产品。

2. 基于用户生命周期的营销策略

用户生命周期（Customer Life Cycle，CLC）描述的是客户关系从一个阶段流转到另一个阶段的总体特征，即用户从接触产品到离开产品的整个过程。

用户生命周期包括 5 个时期。

1）引入期：用户刚接触产品，通过渠道或被营销吸引，下载了 App 或关注了产品，完成一个新客的必要动作。

2）成长期：用户开始对产品感兴趣，并完成一系列业务转化动作。金融行业的业务动作尤其复杂，相较于其他行业更难突破用户的心理门槛，用户要完成一个投资动作，需要首先完成实名认证、绑定银行卡、开户、设置交易密码、填写风险测评问卷等一系列操作。

3）成熟期：用户已经能够熟练使用产品或服务。比如，当有回款时可以复投，可能会参加线上活动、签到，甚至将产品推荐给好友。

4）休眠期：在相当长的一段时间内没有再使用产品，但是还有机会进行召回的老用户，我们将其定义为休眠用户。

5）流失期：对休眠期的用户进行了一系列召回动作后，在更长的一段时间内用户仍然没有再使用产品，即可将其归为流失用户。

3. 常规运营活动

我们的运营活动分为线上和线下两类，通过对组织内的运营活动进行总结与分析，梳理核心业务流程，找到可以进行标准化作业的通用模式。

因为本章介绍的是线上活动管理，所以这里主要讲解线上活动的业务流程。一个线上活动由线上运营团队进行活动策划与审批后，提前 3 周交给产品团队进行设计，活动的研发平均需要 3 周（见图 3-2）。每次活动都需要研发，导致研发资源投入大（试错成本高），耗时长，每年能开展的活动数量有限，无法及时响应业务。

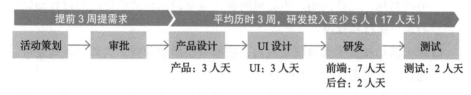

图 3-2　线上活动项目周期

4. 用户激励体系

用户激励体系包括成长体系、任务体系、积分体系、权益体系。

❑ 成长体系：根据用户的忠诚度、贡献值设定对应的会员等级。

❑ 任务体系：以任务的形式对用户的特定行为进行奖励，以提升业务线的转化率，这些任务包括签到、连续动作（如连续投资、固定期限内的多次投资、累计投资金额）、新客转化的必要动作（如实名绑卡、风险测评）、日常任务等。

❑ 积分体系：通过搭建完善的积分体系，促进核心指标数据的提升，同时提升用户活跃度和忠诚度。积分体系的建设需要注意两端，即发放和消耗，尤其是在消耗端，我们需要让用户感知到积分的价值，才能真正通过积分体系促进业务增长。如果无法用积分兑换有价值的商品或服务，那么积分体系就会成为鸡肋。

❑ 权益体系：配合成长体系，对接内外部的服务资源，对等级越高的用户给予越多的等级权益。与积分的消耗一样，如果权益无法让用户有一种身份感或者价值感，那么也会影响到权益体系。

3.3　产品功能架构

我们的业务域产品线对于营销侧的需求有些共同点，主要有以下几方面。

❑ 需要对营销位进行统一管理，并进行优先级排序，避免出现争抢。

❑ 不同业务线对于定向营销的用户群筛选规则不同，会导致同一用户在同一平台受到来自多条业务线的营销轰炸。

☐ 基于用户生命周期的营销策略是可以交叉强化、通用合并的，出发点应该是提升用户在生命周期不同阶段的转化率，而不是考虑某个单一的业务线目标。完整的用户生命周期营销策略的执行动作可以通过自动化进行统一执行和管理。

☐ 线上活动耗费了大量研发人力，根据以往活动分析，大部分规则是可以通过配置实现自动化上线的。

☐ 不同的业务营销用到的营销工具是通用的，比如积分，每个产品线都可以调用积分的发放、核销接口。

☐ 不同的业务线都有各自的可视化报表需求，数据中台可以提供可视化和报表查询的公共能力。

基于我们的业务域特点以及用户运营的相关方法论，我们将可以共用的能力分类并抽象成业务中台的服务（比如用户、营销、消息等）和数据中台的服务（用户标签画像、数据检索、用户动作的监听等），以双中台服务接口形式为自动化营销平台提供服务，并提出基于以下产品功能架构的营销解决方案。

自动化营销平台包括营销自动化、定向营销、线上活动管理、营销工具、统计报表及营销位6大核心模块（见图3-3），后文将主要介绍营销自动化及线上活动管理两大模块。

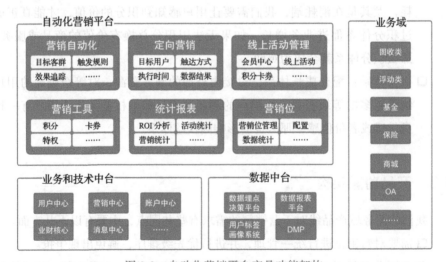

图3-3 自动化营销平台产品功能架构

3.4　数据中台为营销侧提供数据服务

我们的金融业务产品线较多，有固收类产品、保险、银行理财、基金等，如果让营销系统的研发工程师对接各个业务线的数据，会很浪费研发资源，因此我们统一由数据团队将业务数据进行治理封装后以接口服务的形式提供给营销侧，同时也能反哺业务侧。

在此不展开介绍数据中台，主要介绍我们的数据中台基础架构以及与自动化营销平台相关联的数据服务，见图 3-4。

图 3-4　数据中台基础架构

1. 数据源分类

我们把数据源分成三类：第一类是行为数据，第二类是用户数据，第三类是业务数据（交易等）和服务端日志数据。

行为数据是指用户在产品内进行操作产生的数据，包括访问、浏览、点击等行为。行为数据有五个基本元素：时间（When）、人物（Who）、地点（Where）、行为（What）、交互（How），合称 4W1H。通常通过埋点来采集行为数据，而我们引入了外部服务商来采集行为数据并将其回传给我们的数据平台。

用户数据包括用户手机号、终端设备号、姓名、性别、年龄、星座等基本属性，以及兴趣爱好、业务特征等属性（可以通过内外部数据源收集）。

对于业务数据和服务端日志数据，如果有多条业务线，治理会非常麻烦。比如对于不同业务线的交易数据或者同一业务线不同业务系统间的交易数据，在处理时需要整合规范和定义。

2. 用户标签和画像

我们根据业务需求从三类数据源的数据中整理出上百个用户标签，为营销及各业务侧提供标签组合查询能力。

比如，如果想在 25 ～ 30 岁的男性用户（用户数据）首次投资回款（业务数据）且登录"我的账户"页面（行为数据）时，对其进行一次营销推送，那么会涉及用户的三类数据，由数据中台提供统一用户标签查询，即可实现用户群的精准营销。

3.5 模块一：营销自动化

在已经有了完善的用户运营体系，且数据中台已经可以提供数据服务能力后，我们即可通过营销自动化应用，实现用户的自动化营销触达。

如图 3-5 所示，数据中台提供三类数据源（行为、用户、业务），以用户标签的形式向营销系统提供数据检索和监听服务，通过（利用用户标签和画像）筛选目标客群，配置触发规则，设定奖励方案及目标，最终完成触达的配置。在执行时，通过调用营销中心的积分、卡券等营销类服务以及消息中心的 CMS，完成营销策略的消息触达通知，然后为应用导流，追踪消息触达后的转化并形成数据结果。根据数据结果，运营人员即可调整和优化营销策略，实现营销闭环。

1. 用户生命周期

3.2 节介绍了用户生命周期，我们通过拆解用户生命周期内的业务环节，基于 AARRR 模型，找到每个环节的运营指标。运营指标可分为关键指标和普通指标，一些指标还可以进一步拆解为更细的指标，比如，转化率可以拆解到用户业务操作流程中每个页面间的转化率。

- ❑ 获取（Acquisition）：访客数（UV/PV）、注册数、转化率、渠道流量占比、获客成本（CAC）等。

- ❑ 激活（Activation）：实名认证率、投资人数、投资率等。
- ❑ 留存（Retention）：复投率、留存率、沉默用户数、流失用户数、流失率、沉默召回率、流失召回率等。
- ❑ 营收（Revenue）：客单价、频次、用户生命周期价值、投入成本、新增收入、投入产出比等。
- ❑ 传播（Refer）：KOL 数量、邀请发起数和成功数、人均邀请次数、传播系数、邀请奖励、投资金额等。

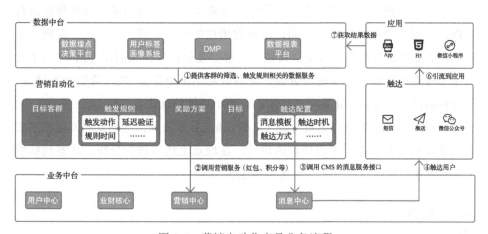

图 3-5　营销自动化产品业务流程

运营指标的具体值需要根据业务的实际情况设定，比如要设定流失率，就需要先定义多少天没有交易动作的用户属于流失用户。具体天数可以根据老用户交易频次及时间间隔来定，比如交易频次低的产品，本身的时间间隔可能较长，那么天数就可以多一些。如果需要更精确的定义，可以使用区间分布的方式，看时间维度上的用户分布，最终找到一个合理的区间切分点。

2. 营销机会

把基于用户生命周期 AARRR 模型下的指标都定义清楚后，就需要分析并找出所有可能影响这些指标的用户行为，然后从中寻找营销机会。这里有两种思路：一种是找到影响指标的关联场景，进行深度挖掘；另一种是通过数据分析找到流量较大的页面，进行营销位的设计。

案例一：我们想提升留存环节的复投率指标，那么首先需要确定影响复投率的具体场景有哪些。通过分析用户行为数据，我们发现了一个有趣的事实：用户在收到理财产品回款通知短信时，往往会第一时间登录平台，进入"我的账户"查看。这个时候就有很多好的营销机会，比如：

- □ 可以在回款通知短信文案中附加优惠卡券；
- □ 可以在用户进入"我的账户"时弹框推荐新产品；
- □ 可以在提现页面中增加营销位；
- □ 如果有线下理财经理团队，还可以当天通过 CRM 进行销售线索提醒。

案例二：使用第三方或者自研的数据分析工具对页面的流量分发数据进行分析，找到流量相对较大的页面，进行营销位的统一管理。对首页、发现、账户、核心业务流程的结束页等页面进行流量分发分析后，我们梳理出 10 多个营销位（如签到页面、提现成功页面、交易成功结果页等），进行营销位的铺排，并对营销位的点击、转化数据进行跟踪，用于后续的优化。

通过对发现页面进行流量分发（见图 3-6）分析发现，签到页的流量相对较大，于是对签到页进行了营销位的设计。在埋点上线后进行分析，从签到结果页通过营销位跳转目标页面的转化率高达 30%。

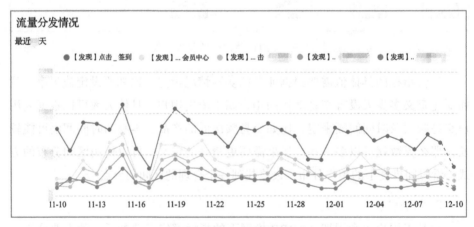

图 3-6　页面流量分发情况

这里有些经验分享给读者，在做全局梳理后要尽量统一进行营销位管理，因为营销位的要素（营销位、图片、上下架时间、跳转路径、标题等）是相对固定的，将营销位的配置接口进行服务化并交给业务中台的营销中心，能够提升研发效率和运营的灵活性。

3. 营销触达

将所有营销机会梳理完成后，整理成一个表格，表头包括人群、定义、场景、营销策略、触达方式、文案、运营指标等，然后对每个营销机会做两件事：策划营销动作，选择触达方式。

营销自动化主要解决了精细化运营的效率问题。我们通过对用户生命周期的各个用户群体进行分类及维度的细化，设定自动执行营销推送任务并跟踪目标效果。

案例三：如图 3-7 所示，我们基于用户生命周期进行用户分类和维度划分，然后根据每个维度制定营销策略和目标。（因涉及业务敏感性，这里对策略、文案和指标进行了脱敏。）

CLC	用户分类	定义	人群维度	营销策略	触达方式	文案	运营指标
引入期	新用户	注册未投资用户 T 为注册日	T+0				
			T+7				
			T+15				
成长期	未实名	注册未实名认证的用户	T+0				
			T+3				
	首投	投资次数 =1	首投当天				
			首投后 7 天				
			首投后 15 天				
			超过 30 天				
			截至活动开始日首投超过 30 天				
成熟期	复投	投资次数 ≥ 2	投资次数 ≥ 2				
	分享	点击过邀请好友	点击过邀请好友				
		成功邀请好友	成功邀请 1 人				
			成功邀请 2～5 人				
			成功邀请 6 人以上				
	回款复投	当日回款用户	回款前 7 天				
			回款前 5 天				
			回款前 3 天				
休眠期	睡眠	最后 1 笔回款未复投时间 30～180 天	30～60 天				
			61～90 天				
			91～180 天				
流失期	流失	最后 1 笔回款未复投时间 ≥ 180 天	未复投 180～365 天	历史最高投资额 ≥ ×× 万元，电销接入	短信、推送		流失率

图 3-7　营销策略示例

我们提炼出营销的核心业务需求：目标用户圈选→选择营销工具→选择触达方式→设定目标。首先，通过数据中台提供的用户标签和画像服务，完成目标用户的圈定；然后选择营销中心（业务中台）提供的营销工具（积分、卡券等）；接着，选择以什么方式触达用户（短信、站内信、推送、弹窗等）；最后设定要达成什么目标。根据目标达成情况，分析后调整策略，形成闭环，如图3-8所示。

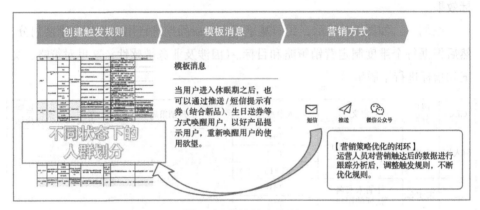

图 3-8   营销触达流程

这样我们就可以通过一个平台进行营销策略配置和数据跟踪，整个执行过程是自动化的。营销自动化的难点不在于产品设计，自动化只是一个执行过程，更应该关注的是如何制定有效的营销策略。本章主要介绍根据用户生命周期的AARRR模型制定指标，然后通过寻找营销机会中的触达点来观测和提升对应指标。我们也可以尝试从其他方向切入，比如用户RFM分群。一旦切入点多了，就需要在营销中找到一个平衡点，避免过度营销（比如某些电商类App，用户一天收到七八条短信，不堪其扰）。可以通过加入一些判断机制来避免单个用户过于频繁地收到推送。

3.6   模块二：线上活动管理

我们平均每年要进行将近30次线上活动，单次活动从策划到上线平均历时3周，需要大量的人力。由于人力所限，有时无法及时响应热点事件，最终我们决定提供一套线上活动的配置化产品。我们调研了多款线上营销活动相关的产品，但发现大部分是模板化配置页面，难以满足营销业务侧的需求。

- ❑ 不够灵活：活动的页面大部分是模板化的，结构布局是固定的，不能灵活组合。
- ❑ 业务联动：活动难以和业务动作打通，进行数据联动（比如用户完成某个业务交易动作，即奖励他一次抽奖机会）。
- ❑ 营销工具：我们有用户激励体系相关的营销工具，比如积分、卡券、虚拟商品、实物商品等，需要用户通过参与活动直接获得奖励。

最终我们决定自研，结合营销中心提供的营销能力和数据中台提供的数据能力，对营销工具、用户群、奖品设置等模块进行页面层的配置，通过灵活配置可以快速生成一个线上活动 H5 页面。比如用户参加活动，投资金额达到多少元奖励一次抽奖机会，抽奖工具是大转盘。将这些模块组合成一个活动页面，极大地降低了单次活动的研发成本，如图 3-9 所示。

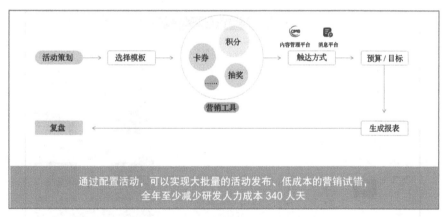

图 3-9　线上活动配置平台业务流程

1. 活动配置

线上营销活动的配置可分为基本信息、功能配置、消息触达三个环节。基本信息主要配置活动的基本信息、预算、目标、奖品等，见图 3-10。

功能配置主要涉及前端页面的配置化以及营销功能的自由组合能力。如图 3-11 所示，我们先上传一张活动底图，然后选择所需的功能（如大转盘、分享、按钮等，不同的功能有不同的配置项），最终组合成活动的 H5 页面。

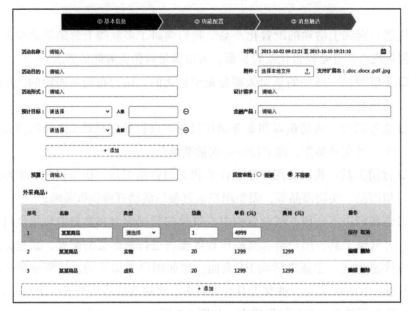

图 3-10　活动基本信息配置

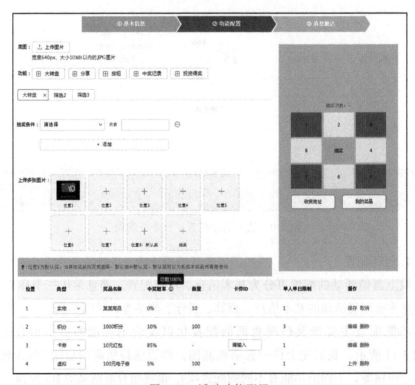

图 3-11　活动功能配置

最后一步，完成用户群及触达方式的配置，如图 3-12 所示。

图 3-12　消息触达配置

2. 活动审批

活动涉及预算申报、商品采购、目标等。活动添加完成后，可申请审批，与 OA 系统打通。审批完成后即可发布。

3. 奖品管理

活动的奖励，除了积分、卡券等平台内部的营销工具，还可以是外部的虚拟商品或实物商品。这些商品（比如星巴克的兑换码）可以通过表格导入、商品下单接口对接等方式接入管理核销。

奖品管理的主要功能有奖品类别的管理、通知模板的配置、抽奖条件、中奖记录及发放。这里主要介绍抽奖条件。

我们在这里将与抽奖相关的营销功能进行统一的字典管理，包括抽奖条件、规则、适用的营销功能、创建时间等。这里需要监听业务动作，比如用户在活动期间投资金额达到 ×× 元，奖励抽奖 × 次，适用的功能是大转盘。

4. 统计报表及费用管理

活动系统相关的报表分为以下三类。

❑ 活动分析报表：用于分析每个活动的访问量、访问时长、支出、目标达成情况等（见图 3-13）。

- ❑ 营销统计报表：用于分析整体的活动数据，大部分是累计值。
- ❑ 费用支出报表：涉及财务报账的部分，需要单独与业财系统打通，统计每个活动的预算、实际支出、财务扣减、费用主体等相关数据。

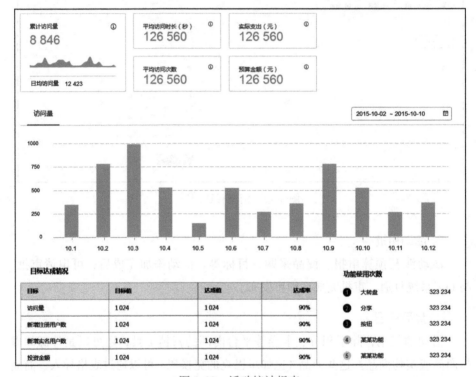

图 3-13　活动统计报表

数据中台的可视化报表平台可以为各个业务后台管理系统提供数据可视化能力，通过在链接内嵌入菜单的方式，零开发即可实现数据可视化。

本章总结

在本章中，我们基于用户运营体系，构建了满足营销业务需求的自动化营销平台，通过业务中台、数据中台提供营销和数据服务，尽可能实现营销业务动作的线上化、自动化、配置化、数据可视化，以提升营销效率和效能。本章重点介绍了营销触达的自动化及线上活动管理模块。

在整个产品设计的过程中，数据服务尤为重要。在营销策略阶段，数据提供的是分析决策支持；在营销开展阶段，数据提供的是用户圈选、动作监听的服务；在营销复盘阶段，数据提供的是目标达成、统计分析服务。数据服务贯穿营销业务动作的始终。

关于营销自动化，笔者认为距离实现真正的全自动化还有很长一段路要走。目前的自动化还是在营销策略的执行环节，而营销策略的制定更多是依靠用户及产品运营人员。我们需要探索如何通过机器学习，以事实型标签和分析型标签为依据产生预测型标签，把营销线索交给机器去测算与发现，生成更精准的用户画像，完成营销全流程的自动化。

第 4 章
零售行业大数据平台的构建和商业应用

文 / 马晓冬

笔者曾就职于一家快消行业头部公司，负责大数据平台的构建，深知快消公司对于门店数据的重视。

快消公司的模式是通过零售渠道的门店将产品提供给目标消费者。比如宝洁是典型的快消公司，其海飞丝、玉兰油等品牌产品会通过家乐福、7-11 等零售门店到达消费者面前。各类门店属于宝洁的不同渠道（本章中渠道均指门店），品牌方与终端门店之间存在着品牌、产品、价格、促销及销售员等数据信息的高频互动。

笔者当时所在的公司采用的也是类似的形式，因此公司对零售门店数据的了解程度直接影响着产品的价格、促销、新品规划等，也就直接影响着销售。故公司对零售门店的数据进行了整理，开发了大数据应用平台。作为传统的零售巨头，公司的数据基本是线下的数据，即地理数据，所以该平台称为"地理数据平台"。该平台整合了"人""货""场""介"数据，进行分析、建模，并在此基础上形成了适合快消行业的商业应用。

利用此平台，公司实现了对全渠道的数字化精准营销，并借此实现了数字化转型，业务快速增长，市场部、品牌部、销售部等多个部门的业绩得到了较大提升。仅以某奶粉品类为例，2018 年通过对门店导购资源进行优化配置，销售额提升了 21%。

　　本章首先介绍平台背景及平台核心价值；然后详细介绍平台的实现过程，包括数据准备、数据分析与建模、商业应用，让读者了解这样一个支撑数百万门店数据管理的平台是如何搭建的；最后分享笔者推荐的产品经理工作方法。

4.1　平台背景

　　我国零售行业门店总数超过 1800 万家，数量巨大，遍布全国各地；大卖场、超市、便利店、夫妻店等终端门店形态各异，错综复杂。新时代下，消费者消费理念和行为的个性化、场景化、品质化趋势日益凸显。与此同时，伴随着全渠道、社交电商、移动支付的兴起，外部市场尤其是渠道终端快速变革，越来越多的品牌商在努力提升产品与服务的同时，希望通过线上和线下各类触点来影响消费者的认知和购买决策，实现转化。其中，渠道是与消费者直接接触的，所以利用及时、全面的渠道数据来洞察消费者，帮助品牌识别市场机会、优化资源投入、实现精准营销就显得尤为重要。

　　在加速融合的零售新时代，"渠道为王"正快速转变为"消费者为王"，人、货、场之间的关系正在被重构和升级。尤其对于以乳制品企业为代表的快消行业来说，只有快速准确地掌握市场变化、精细化门店管理、精准高效地预测消费潜能，才能提高营销效率，助力生意持续提升。企业主要需要解决以下三方面的问题。

　　❑ 企业急迫的商业需求：
　　　■ 如何找到对的用户？
　　　■ 如何拓展市场？
　　　■ 如何优化资源配置？
　　　■ 如何进行潜力评估？
　　　■ 如何将落地执行评估形成闭环管理？
　　❑ 传统业务模式的挑战：
　　　■ 高度依赖人的经验，决策缺乏数据支持；
　　　■ 缺乏科学有效的消费者洞察预测模型和机制，无法做到先知先觉；
　　　■ 缺乏高效系统平台的支撑，无法借助大数据、人工智能等前沿技术的力量。

□ 数据资源有限：
■ 缺乏全量、标准规范、精确的门店信息；
■ 市场数据、店内数据、店外数据、人的数据、地理空间数据等存在孤岛效应，无法形成合力；
■ 外部数据资源有限，渠道调研数据价值难以沉淀、挖掘。

4.2 平台核心价值

地理数据平台的核心价值是突破地理的限制，从地理和时间上将人、货、场、介真正贯通（见图4-1），从而极大地提升产品的全生命周期管理价值，支持各业务部门、各品类在市场机会拓展、门店精细化运营、消费者精准洞察等方面的工作，对业务进行数字化赋能，提高洞察效率和精度，持续助力生意增长。

从图4-1右侧的价值创造部分可以看到，地理数据平台对于精准营销和远景规划所涉及的多个业务模块都有很好的支持。

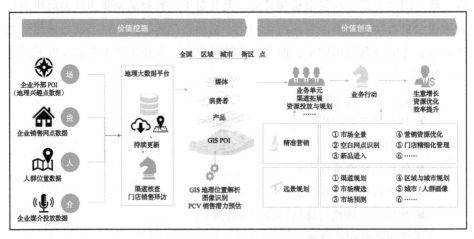

图 4-1 地理数据平台助力企业商业价值实现路径

地理数据平台对于企业的价值具体体现在以下两方面。

1）改变了企业的传统业务操作模式，助力企业经营管理实现从粗放式向精细化运营的跨越。通过对数据的融合,真正实现人、货、场、介的打通,彻底打破传统快消企业一直无法全面、快速、精准洞察渠道终端市场的困境,解决了渠道终端因网点多且分散而无法准确衡量终端投入价值的问题,实现对任意范围市场销售潜力的精准预估,从而对多种不可控的因素进行量化、模型化输出策略,支持业务部门更有针对性地开展市场活动。通过对"最后一公里"的精准营销,让企业数字化策略更加容易落地,从而提高企业管理效率,实现生意的高效转化。

2)帮助企业完成了数百万零售门店的数据沉淀,支持渠道数字化管理,为渠道规划、资源优化提供数据策略。利用对企业内外部门店数据的匹配、打通,为销售部门识别出大量高价值的空白网点,为企业集中销售资源进行重点网点的拓展,快速提高市场占有率。

以某冷饮品类为例,2019 年平台通过渠道终端的数字化建设,支持全国渠道规划,将该品类业务决策流程的效率提升 30% 以上;同时,通过数字资产的沉淀,实现了该品类覆盖的门店终端销售额同比增长 15%。

小贴士　数据产品首先是一款产品,应遵循新产品通用开发流程的标准。尤其是在项目启动前的数据产品可行性研究中,需要将数据产品的产出价值和目标规划清楚,一定要确保与企业战略目标协同一致,与内部各利益相关方(最终用户、资源提供方、技术提供方等)达成共识,并研判清楚可能的内外部影响因素,制定好清晰的产品路线图。

4.3　平台实现过程

地理数据平台的建设思路是上下结合、两条腿走路:一是业务驱动的由上往下搭建业务应用场景,摸底和梳理现有生意痛点;二是从底层数据资源、数据整合、应用模型、技术支撑等方面入手搭建平台基础。

平台对多种类型的地理位置数据进行整合,例如,"场"数据利用第三方全量地理数据,"货"数据既有企业内部渠道终端数据也有外部行业或品类数据,"人"数据利用外部群体地理数据等。利用 GIS 地址解析技术、深度学习算法和数学建模技术,建立起对全国市场的全景扫描,并结合全人群地理位置数据,实现线上线下全渠道融合。基于此，建立如下地理数据平台应用系统架构（见图 4-2）。

- ❑ 数据层：位于底层，是支持应用的各类数据源，包括内外部渠道、产品、消费者、媒介等方面的数据。数据是平台的核心。
- ❑ 模型层：位于中间层，是构建的各类数据标准和模型，比如销售潜力预估模型、门店竞争力模型、商业潜力模型、地理标签画像等。其中，销售潜力预估模型是核心模型，后文会重点介绍。
- ❑ 应用层：位于顶层，是根据业务需求定制的应用，分商业应用和功能应用，比如新产品上市、城市圈画像、资源投放规划等。
- ❑ 权限管理：图 4-2 右侧是系统用户的权限管理，支持从管理层到执行层的精细化运营。权限管理与公司的业务强相关，通用性弱，这里不赘述。

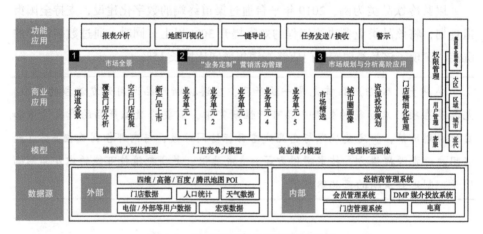

图 4-2　地理数据平台应用系统架构

小贴士　在数据产品的实现过程中，整体平台应用框架的设计是关键，是连接技术和应用的桥梁。尤其在新技术应用的起步阶段，引入新数据、新技术甚至新模型时一定要慎重考虑业务方的使用门槛和接受程度。因此，平台设计需要考虑两方面的平衡。

- ❑ 长期规划和短期目标的平衡。数据产品的规划需要满足企业的长远战略目标，所以在数据源、模型和应用三个层面需要提前布局；同时，需要兼顾对当前业务目标的支持，确保数据策略及时见效。

❑ 引领和落地的平衡。数据产品一定要提供洞察，支持业务运营和决策，所以在设计上必须具备一定的业务引领作用。一方面，需要在行业领先型、跨行业对标上持续演进；另一方面，数据策略的准确性和有效性需要在业务实践中进行验证，不能做象牙塔里的课题研究。因此需要平衡好引领和落地的关系，确保数据产品的商业领先价值，同时要能够有效支持一线业务的运营。

4.3.1　数据准备

数据准备是数据进入应用之前的处理，包含一系列预处理步骤，如准备数据源（一个或多个）、数据清理、数据转换，使之适合数据处理（分析、建模等）。

本章讲的是地理数据平台，所以这里的数据准备主要指地理数据的准备。

根据百度百科的定义，地理数据是直接或间接关联着相对于地球的某个地点的数据，是表示地理位置、分布特点的自然现象和社会现象的诸要素文件，包括自然地理数据和社会经济数据。一份地理数据"原料"需要具备的核心要素有对象、地理位置和时间。

具体数据源有以下几类。

（1）地理 POI 数据

POI 是 Point Of Interest 的缩写，可以翻译为"兴趣点"。在地理信息系统中，一个 POI 可以是一栋房子、一个商铺、一个邮筒、一个公交站等。

我们采集的是全国的 POI 数据，各级城市大部分可能产生交易的门店（提前筛选行业品类），无论有没有我们的商品，都被采集进系统的 POI 数据，做成了全景地理数据。

全国共有 16 大类、307 小类地理 POI 数据，总数达数千万（见图 4-3）。

例如，在餐饮语境下，POI 数据是指饭店数据，数据类型既包括饭店的风格（中餐、西餐等），也包括饭店的菜系（川菜、粤菜、鲁菜等），还包括饭店的类型（餐馆、快餐、休闲餐饮等）。

我们针对每个 POI 采集的数据指标非常详细，包括面积、营业时长、单价等，得到该 POI 的营业情况。因为营业情况可以反映进入一家店的人群的消费力，便于后续进行消费力预测。

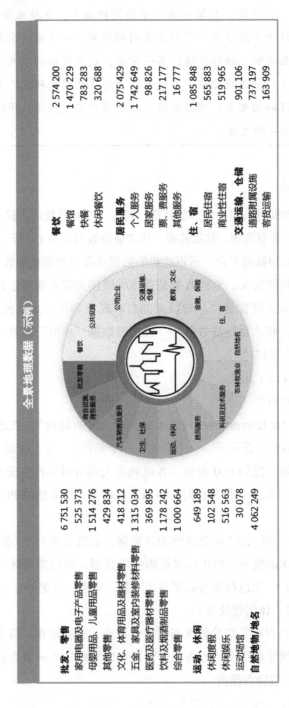

全景地理数据（示例）

批发、零售
家用电器及电子产品零售　　　6 751 530
母婴用品、儿童用品零售　　　525 373
其他零售　　　　　　　　　　1 514 276
文化、体育用品及器材零售　　429 834
五金、家具及室内装修材料零售　418 212
医药及医疗器材零售　　　　　1 315 034
饮料及烟酒制品零售　　　　　369 895
综合零售　　　　　　　　　　1 178 242
　　　　　　　　　　　　　　1 000 664

运动、休闲
休闲度假　　　　　　　　　　649 189
休闲娱乐　　　　　　　　　　102 548
运动场馆　　　　　　　　　　516 563
　　　　　　　　　　　　　　30 078

自然地物/地名　　　　　　4 062 249

餐饮
餐馆　　　　　　　　　　　　2 574 200
快餐　　　　　　　　　　　　1 470 229
休闲餐饮　　　　　　　　　　783 283
　　　　　　　　　　　　　　320 688

居民服务
个人服务　　　　　　　　　　2 075 429
居家服务　　　　　　　　　　1 742 649
票、费服务　　　　　　　　　98 826
其他服务　　　　　　　　　　217 177
　　　　　　　　　　　　　　16 777

住、宿
居民性住宿　　　　　　　　　1 085 848
商业性住宿　　　　　　　　　565 883

交通运输、仓储　　　　　　519 965
道路附属设施　　　　　　　　901 106
客货运输　　　　　　　　　　737 197
　　　　　　　　　　　　　　163 909

图 4-3　全景地理数据展示

图 4-3 中的数值是指平台中统计到的 POI 的个数，比如餐饮对应的数值是
2 574 200，说明平台中有 2 574 200 个餐饮店的数据。

这些包含住宿、娱乐信息的 POI 数据可以用来计算某个 POI 周围环境的经
济活力和销售潜力。后续我们将看到，这些数据都是基于零售门店的。选中某
个门店后，平台就能看到其周围的 POI 数据，比如有多少个餐饮店、多少个住
宿店，就可以算出这个门店的潜力。

这些地理 POI 数据有几千万条，我们是怎么获取到数量如此庞大的精确数
据的呢？向地理数据提供商购买基础数据，然后自己加标签和信息。

比如，地理数据提供商会提供信息"某个经纬度有一家家乐福超市"，而这
家家乐福超市的面积、营业时长、经营时间以及里面有多少家小店，都是我们
自己采集的。地理 POI 数据的颗粒度足够细，才能保证后续商业应用中使用的
模型得到精确的结果，这是公司非常重要的核心竞争力。

几千万条如此详细的数据，无论采集还是维护，都需要大量的人力和物力。
我们用的是人工采集方式，一个事业群有几千名销售，他们在巡店时会把数据
采集回来。

像这样大规模的数据产品，需要调动的部门非常多，协调工作也很多，因
此最重要的是高层有决心做，否则只靠数据部门是很难推动的。

（2）地理 POI 指数

地理 POI 指数主要用于量化研究某个位置的周边环境数据，比如以下指数。

- 零售指数：综合反映某网点的周边零售活力指数，越高表明销售或购买
  力越高，是当地购买力的活力指数。
- 交通指数：综合反映某网点的周边交通活力指数，越高表明人流量越
  聚集。
- 娱乐指数：综合反映某网点的周边经济活力指数，越高表明潜在经济活
  力越高。
- 餐饮指数：综合反映某网点的周边餐饮业态门店聚集程度，越高表明经
  济活力越高。
- 房价指数：综合反映某网点周边房价高低，越高表明消费能力越高。

地理 POI 数据和地理 POI 指数是什么关系呢？地理 POI 数据是基础数据，
地理 POI 指数是对多种基础数据的指数化。无论分析还是建模，用指数化的数

据都会更方便一些。

比如某个门店周围有家乐福超市，另一个门店周围有 7-11 便利店，这两家店的面积、营业时长、经营时间以及里面有多少个其他小店，数据都是不同的，我们怎么知道这两个门店周围的零售活力呢？将面积、营业时长、经营时间、里面有多少个其他小店等参数用模型做成指数，那么业务人员只需要比较这两个门店的指数值大小，就知道哪个更有零售活力。

（3）宏观数据

宏观数据可以参考连续 3 年的统计年鉴数据，包括：

❑ 国内生产总值（GDP）、人均 GDP、社会消费品零售总额；

❑ 批发零售贸易业商品销售总额、批发零售贸易业社会消费品零售总额；

❑ 餐饮业社会消费品零售总额、其他行业社会消费品零售总额；

❑ 城镇家庭人均消费支出；

❑ 常住人口统计信息（性别、年龄、收入等）。

此类数据来自国家统计机构或者一些权威数据机构，可以详细到县级别，有的甚至可以详细到乡镇级别。比如像每年新生儿出生人数这样的数据，就可以详细到县级别，已经足够支持新生儿奶粉策略的制定。

（4）企业门店管理系统数据

企业门店管理系统数据即门店这一类渠道的管理系统数据。企业内部数据覆盖了从产品出厂到经销商、零售商、终端门店等链条的信息，用于渠道的销售预测，规划向什么渠道供货，以及不同渠道的效果查看等。内容包括以下几方面。

❑ 产品信息：产品类型、规格、销量、价格、包装等。

❑ 经/分销商信息：经/分销商名称、地址、经销品牌、供应链等。

❑ 门店信息：销售门店地址、门店名称、供货商、销售价格等。

❑ 管理人员信息：负责管理业务人员、业务单元、区域及城市负责人等的管理人员的详细信息。

（5）企业内部业务核查数据

为了及时了解市场表现、销售终端 SOP 执行表现等信息，多数国内外企业，尤其是传统企业会投入大量的人力物力来对终端市场进行检查，以期发现问题、及时改善。

企业内部有专门的核查部，用于核查业务部门的执行。比如参加家乐福组织的春天促销，公司会要求摆很多物料，负责的销售人员当然会与家乐福协调，而核查部的人也会去家乐福，现场看有没有按公司要求执行。这些人同时会发现系统中的数据问题，并从现场回传数据进行纠正。

（6）消费者群体数据（运营商 / 移动 App）

基于用户信息隐私的考虑，多数企业会通过第三方合法渠道采买群体消费行为数据，比如某一类男性用户的地理位置数据，以此来规避风险。数据源是全量用户基础信息、位置数据及上网行为等数据的融合。数据获取方式是向运营商（的代理商）批量购买用户的用户标签。运营商会提供群体数据，而不会提供单个用户的数据。

标签包括性别、年龄、职业、居住情况、消费潜力等。群体也是按地理信息来划分的。比如，对于"北京、海淀，1000 米 /500 米"这样一个群体条件，运营商会把北京市海淀区按 1000 米 /500 米划成网格，把每个网格上的用户的标签发过来。标签和标签值如图 4-4 所示。

图 4-4　地理人群数据展示

4.3.2　数据分析与建模

上节讲了多种数据类型，那么在存储和使用时，这么多种数据是如何组织在一起的呢？基于门店组织在一起，也就是说，实际使用场景中，看的是基于单个门店（或者门店组合）的场、货、人、介数据，如图 4-5 所示。

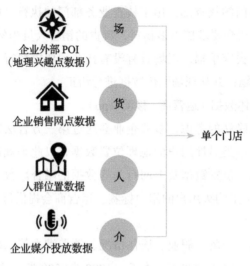

图 4-5　单个门店的数据标签类型

如果是单个门店或者单个事业部的门店，那么基础地理数据的质量是相对较好的，而我们公司的门店数量太多，事业部也太多，业务错综复杂、系统间差异及历史遗留等问题导致门店数据的质量参差不齐。最常见的问题是门店数据标签混乱、定义不一致。

门店业务数据处理是一项大工程，笔者当时所在的部门执行了以下步骤：

1）建立统一的数据体系（图 4-6 中的步骤 1 和 2）；

2）对数据进行处理和匹配，实现门店数据标准化（图 4-6 中的步骤 3）；

3）通过数据及模型分析，建立销售潜力预测模型，支持落地应用（图 4-6 中的步骤 4）。

1. 建立统一的数据体系

（1）门店数据处理的常见问题

在传统行业，众所周知，"渠道为王，终端制胜"。而在数字经济时代，渠道变革被赋予了更大的想象空间，各行各业都在不断探索渠道数字化。就笔者经验而言，尽管华丽的新零售理念层出不穷，但真正能决定渠道数字化进程的反而是最基础的渠道数据体系建设，而其中与终端最直接相关的，一定非各种反映门店经济活力的指标或标签莫属了。

在门店数据处理方面，有一个问题是，由于国内区域市场、消费习惯千差万别，对于全国性企业来讲，不可能进行一刀切管理。而对大众消费品来说，渠道终端的规模在百万级，数量巨大。因此，企业渠道管理的标准定制是一项非常重要且复杂的工作。在多数传统行业，企业会将渠道细分，进行针对性的管理。比如，可以从企业内部管控角度将渠道细分为重要客户、现代渠道、传统渠道、特殊渠道、团购、自营门店等。

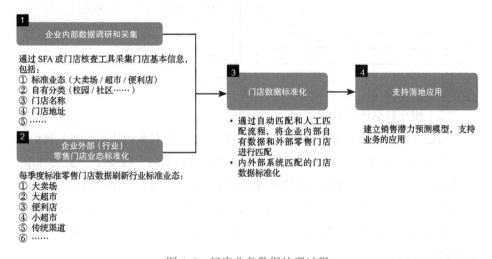

图 4-6　门店业务数据处理过程

　　另一个重要的问题是，过去企业在业务发展中积累的问题依然困扰着企业。在企业业务发展初期，由于产品线较少、业务单一，对渠道的管理相对简单。随着企业的发展，业务单元逐渐增多，业务类型变得复杂，对渠道的管理也会变得错综复杂。尤其是不同业务单元的数据或系统割裂，也就是通常所说的业务"深井病"，导致数据无法有效整合和统筹，影响企业管理效率。

　　图 4-7 左侧是历史形成的各业务系统的渠道门店数据。一个集团的正常发展轨迹是这样的：集团发现了某个市场，于是建一个事业部，招一批人，为这个新市场做业务并建立支持业务的系统。于是每个事业部都有自己的系统和数据标准，无法进行渠道资源的信息共享。右侧是希望通过数据整合实现标准化的门店数据管理系统，即每个事业部的数据都可以被整合、共享、标准化，从而提升数据利用效率。我们基本是重新做的，几乎没有使用原有事业部的数据和系统。

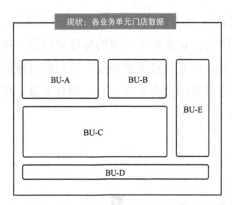
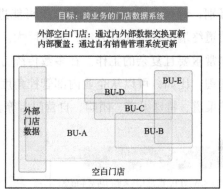

图 4-7 企业门店数据的现状和治理目标

（2）建立数据体系标准

通过对内外部门店数据的业务规则、行业特征及未来趋势的研判，我们对门店数据标签体系进行了更加全面、科学的梳理和划分，建立了一整套标准。如图 4-8 所示，门店地理数据常用维度呈金字塔形，分 4 层：第一层是门店周边环境数据；第二层是门店的基础信息，如名称、地址、业态等；第三层是门店或终端潜力模型数据；第四层（最上层）是企业内部终端管理数据，是企业终端管理的"大脑"。

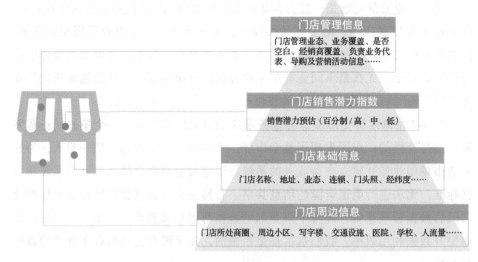

图 4-8 门店地理数据常用维度

这里特别提醒一下新手产品经理，标签多的时候，一定要建立标签的数据体系标准，否则后面会变得很混乱。实际上，你会发现标签管理越来越重要。

图 4-8 中的金字塔就是门店标签的数据体系标准，可以理解为数据标签的字典，对标签体系包括的标签及其标签值做了定义。也就是说，一个新的门店进入系统，它只能从这个标签字典里选择标签，不能创建新标签，以免造成标签混乱。

门店数据标签及其标签值的示例如下。

❑ 现代渠道标签，包含标签值大卖场、大超市、超市、便利店、母婴店等。

❑ 新零售渠道标签，包含标签值盒马、便利蜂、自动售卖机等。

❑ 传统渠道标签，包含标签值食杂店、日杂店、食品店、主副食品零售店等。

❑ 特殊渠道标签，包含标签值餐饮、校园、医院、写字楼等。

❑ 零售商品牌标签，包含标签值沃尔玛、家乐福、7-11 等。

❑ 连锁标签，包含标签值全国连锁、地方连锁、单体店。

注意，这里讲的是门店标签，4.3.1 节讲的是门店数据，二者都是门店的特征。门店标签是门店的自身属性，比如属于现代渠道中的大卖场还是超市；而门店数据是门店所在环境的数据，比如地理 POI 数据等。

我们来看一个例子。

❑ 门店名：三元桥 7-11 店

❑ 门店标签

　■ 现代渠道：便利店。

　■ 零售商品牌：7-11。

　■ 连锁：全国连锁。

❑ 门店数据：可筛选周围距离（500 米、1 公里、2 公里）。

　■ 地理 POI 数据

　　● 川菜：新辣道，400 平，晚上 6 点到 11 点是高峰期。

　　● 中餐：真功夫，200 平，晚上 5 点到 8 点是高峰期。

　　● 火锅：海底捞。

　■ 地理 POI 指数

　　● 交通指数：3（分为 3、2、1 档）。

● 娱乐指数：2（分为3、2、1档）。

可以明显看出，标签体系和数据体系共同描绘出一个门店的特征和周围环境，让我们能够对门店进行整体评估与预测。

2. 对数据进行处理与匹配，实现门店数据标准化

（1）数据处理与匹配

利用大数据地址解析技术，将任意一条数据包括的名称＋地址＋坐标的信息与四维图新、腾讯、百度及高德的地图进行多次比对（这些比对都是通过API调用数据进行的，所以要与多个地理数据提供商合作），只有匹配率达到标准才能判定数据匹配成功。对于可疑数据要进行人工后台识别，甚至实地核实。

如图4-9所示，通过对每一条新数据进行外部多数据源的交叉验证和匹配，可以确保入库数据的准确性和可拓展性。由于详细的业务流程不具备通用性，这里就不赘述了，不过大家可以通过图4-9感知一下数据匹配的复杂性。

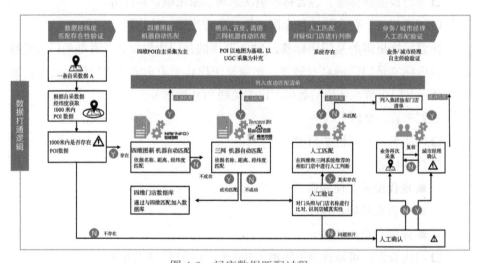

图4-9　门店数据匹配过程

这里介绍几种常见的情况及数据处理与匹配方式。

数据处理与匹配方式一：人工数据核实

基于多种来源数据（如尼尔森门店清单、行业零售商门店清单等数据），对门店业态进行初步标记。同一门店如果不同来源的数据不同，标为有异议，由人工利用街景（门头照）、卫星数据等进行核实，如图4-10所示。

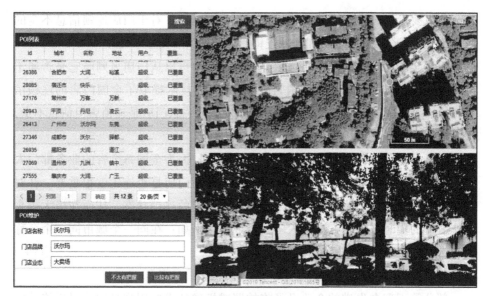

图 4-10　人工数据核实手段之一

数据处理与匹配方式二：数据缺失信息

在对门店数据的处理过程中经常会遇到数据缺失信息的情况，比如店名不全、地址不全、没有业态类型等。比如图 4-11 给出的这条数据，"是否连锁"那一栏写的是"否"，表示不能判断是否连锁。这时需要利用算法来判断，下面大致分析一下算法的逻辑。

省	市	区县	门店名称	地址	业态	是否连锁
江苏省	南京市	溧水区	乌山商业	南京市溧水区石湫镇	小型超市	否

图 4-11　某门店基础信息展示

"连锁"是门店的重要标签，因为快消行业会把连锁门店当成重要的客户分析。

这里需要注意的是，后续的算法、分析等应用系统（简称系统），是不会做数据处理匹配工作的。所以如果系统的一条信息，门店名称为家乐福，是否连锁显示为否，那么系统就会认为这个家乐福门店是不连锁的。所以这种数据错误会直接导致算法的结果错误。

所以要专门开发一个算法，用来判断是否连锁。对于门店连锁信息不全的问题，算法分全国连锁门店和区域连锁门店两种门店类型来处理。

对于全国连锁门店，主要是填补信息，因为可以从门店名判断它是否属于全国连锁门店。我们利用自然语言处理（NLP）技术提取了全国门店的连锁信息特征，形成全国连锁企业信息库，如果发现某一家门店是连锁店但信息不全，就可以从这个信息库里调用信息，为该门店填上。

对于地方门店，主要是判断门店是否连锁。因为全国每个省的业务部门人工采集回来很多门店，数据量非常大，所以判断门店是否连锁就很重要。针对中小型零售商，我们建立了规则来精准判断门店的连锁状态，从而在极大提高工作效率的同时节省了大量的人工核查成本。例如：在同一个城市同一个名称的门店超过 3 家，就将其视为区域连锁。

数据处理与匹配方式三：图像识别技术用于大量场景

部分管理理念先进的企业已经将拍照或摄像技术应用到日常的渠道终端管理工作中。这些企业的一线业务人员在维护门店时，会对终端的门头照、产品陈列、促销形式、产品新鲜度等信息进行拍照记录。这些宝贵的市场信息经过图像识别技术的提取，形成可以迅速、准确、全面捕捉市场表现的数据指标，从而支撑企业的经营管理决策。

图像识别技术可以应用于大量场景，包括分销、导购、促销等众多业务的规划和分析，如图 4-12 所示。

图 4-12　货架图像识别技术在终端销售中的应用

　　小贴士　限于篇幅，数据处理与匹配的方式只列了这三种，实际上方式非常多。门店数据的处理是一项工程量巨大、细节复杂琐碎、既讲究科学技术又需要足够多业务经验的工作。

　　数据处理过程中会出现各种问题，应对的核心原则是：尊重事实，建立数据多重审核机制，确保数据准确无误，宁缺毋滥。门店数据来源众多，无论是内部一线业务人员采集、外部第三方采集还是从第三方渠道直接购买，都需要经过严格的数据审核流程，保证门店数据的唯一性、准确性、时效性、完整性等。

　　（2）门店数据标准化

　　有读者可能会认为，将数据从各方采集回来后，直接进入系统进行分析与计算即可。并不是这样的，系统首先要评估数据能不能用：质量评估合格的数据，能够进入系统；没有经过质量评估的数据，需要进行很复杂的数据处理。

　　数据质量评估系统输出每一份数据的完整质量评估，评估这条数据得分是多少，然后根据得分判断是完全进入、部分进入还是拒绝进入系统或模型。所以数据质量评估体系是系统最重要的体系之一。

　　数据质量评估体系：包括名称质量、地址质量和坐标质量，因为名称、地址和坐标都是人工输入的，很容易出现错误（比如缺字、错字等）。将这三种数据的质量评估综合起来，得到数据最高可用精度（见图 4-13）。

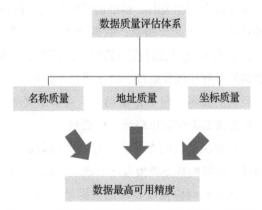

图 4-13　门店数据质量评估体系及处理过程展示

　　数据最高可用精度是一个数据质量评估体系给数据打的分数，是数据通过数据质量评估体系评估后得到的数据精度值。这个数据能否进入系统，取决于精度值是否满足该场景。对于不同的场景，采用不同的精度阈值进入系统。

　　地理数据的质量精度因应用场景不同而存在明显差异，并不是精度越高越好。更高的数据精度意味着更复杂的处理流程、更高的标准、更高的投入。由于投入资源的边际效益递减，建议结合业务目标、技术能力和资源投入等因素，对数据质量要求做出综合评估，切勿进行不切实际的追求。图 4-14 所示为不同应用场景下的地理数据精度标准。

图 4-14　数据质量精度分级及应用场景

　　❑A 类场景：与经营直接相关的、精准的运营活动，包括门店拜访、巡查、销量预测等场景。对于此类场景，数据稍微有误差就可能会带来运营活动的失误，比如在拜访门店时找不到门店，因此它对数据的精度要求很高。相关数据类型有车载导航级、楼宇级、小区级。

　　❑B 类场景：经营的参考，包括市场趋势、竞争态势等场景，只需要一般精度数据，相关数据类型有道路级、街道级。

　　❑C 类场景：也是做决策时的参考，不过需要的数据精度更低，包括做行业趋势类场景，包括的数据类型有区县级、城市级、省级、国家级等。

　　对于每类场景，达不到对应精度要求的数据就不能进入系统。这套精度体系的评估和判断依靠的是数据处理与匹配，下面就来具体介绍。

3. 建立销售潜力预测模型，支持落地应用

　　在商业社会中，有一个永恒的话题是企业如何获利。对于企业来说，准确、

客观、全面地判断市场行情和品类的销售潜力，并基于此不断优化销售策略是至关重要的。最理想的状态是，某个组织或系统掌握了某类产品的全行业销售数据，包括全国、区域、城市、门店等各个维度，基于这些数据，企业凭借自身在资源、财务及技术等方面的投入来获取相应的市场份额。但在市场竞争相对充分的行业，这种情况绝无可能出现，因为信息不对称是无法消除的。因此，绝大多数企业会在每年的经营规划中不断分析、研究、讨论市场发展状况、行业增速及竞争态势等内容，从而不断调整企业经营目标。地理数据平台建立销售潜力预测模型的核心诉求是，在企业无法获取全量、准确的市场销售数据的情况下，最大限度地洞察市场发展趋势，识别市场机会，为企业经营管理决策提供数据支撑。

（1）销售潜力预测模型构建过程

在全国、省市、门店甚至任意地理网格内，通过对多维地理数据的打通，利用大数据分析模型建立终端销售潜力模型，按不同维度输出销售潜力预估，从而支持企业的战略规划、营销资源优化等工作。

构建过程需要的数据源如下。

❑ 宏观数据：国内生产总值（GDP）、社会消费品零售总额等。

❑ "场"的数据：全国地理兴趣点分布、零售指数、交通指数等。

❑ "货"的数据：企业分销数据、门店销量数据等。

❑ "人"的数据：人口统计数据、基于位置的人流数据等。

构建过程涉及的数据模型如下。

❑ 随机森林：一种组成式的有监督学习方法。在随机森林中，会同时生成多个预测模型并将模型的结果汇总以提升预测的准确率。

优点：善于学习复杂且高度非线性的关系，通常具有很高的性能；易于理解，虽然最终的训练模型可以学习较为复杂的关系，但是在训练过程中建立的决策边界很好理解。

缺点：无法生成公式。

❑ 多元线性回归：直接将门店周边不同指标对应的 POI 点总数作为输入数据。

优点：数据处理起来简便，输入数据的可解释性较好。

缺点：未考虑自变量之间的相互作用关系，如门店周边数据与目标门店销售额之间存在单向影响的关系；部分依据经验的输入将会在相关性分析阶段被剔除。

通常情况下，销售潜力指数与零售指数、交通指数、人流量等明显正相关（例如，交通指数高，则销售潜力也高），与竞品指数等明显负相关。

除了明显特征之外，算法也会计算出众多的细微特征，所有这些特征共同影响潜力预测的结果。

（2）销售潜力预测模型的应用界面

总的来说，应用类型分两种：一种是宏观层面的（如区域、城市），另一种是微观层面的（如商圈、门店、网格）。

- 区域、城市销售潜力模型：在宏观层面，如某个重点区域或城市，输出某个品类的总体销售潜力指数，帮助企业精耕区域或城市市场，制定战略规划。
- 商圈、门店、网格销售潜力模型：在微观层面，如某个商圈、门店、一公里网格区域内，输出某个品类的销售潜力指数，帮助一线业务人员精准识别市场机会，优化营销资源的投入。

而在具体的业务运营中，业务人员希望从多个角度查看一个地方的潜力，从而制定营销策略。比如，男性的消费潜力大还是女性的消费潜力大，哪个年龄段的人的消费潜力最大，等等。所以在业务人员使用的系统中，他们可以将多个维度交叉组合，查看经过筛选后的销售潜力预测模型。

销售潜力预测模型的应用界面的样式如图 4-15 所示，可以选择地区、门店，也可以选择性别、门店规模等，条件之间可以任意交叉组合。

因为数据直观有效，在我们的系统上线后试运行期间，业务部门就已经发现了好几个潜力区域。

小贴士　数据是数据产品的"原材料"，也是数据产品经理开展工作的基础。我们在数据处理、数据挖掘、数据建模等过程中会遇到很多难题，下面是几点应对的经验。

1）历经千辛万苦设计的数据指标可能对业务没有价值。2B 类数据产品一定要服务于企业的生意目标，数据产品经理只有深入一线实际业务中，才能找到有价值的线索，切忌闭门造车。

2）不同来源、不同版本的数据混在一起，如何应对？借鉴 PDCA（Plan-Do-Check-Act，计划－执行－检查－处理）的工作逻辑，从数据中来，到数据中去，对万千数据抽丝剥茧，发现问题，找到规律，提供解决方案，并持续改进、反馈和优化数据处理机制。

3）新技术、新知识的更替日益加快，数据产品经理要时刻保持开放、包容的心态，不断学习和积累，持续拓宽能力边界。

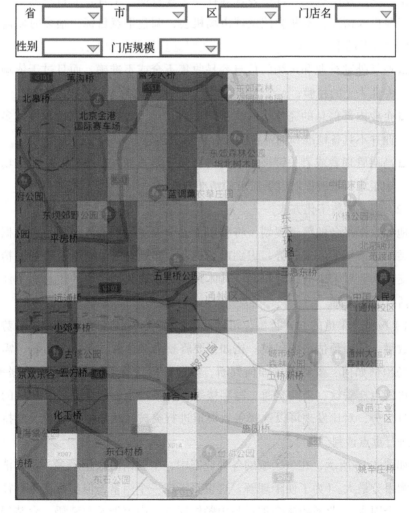

图 4-15　销售潜力预测模型的应用界面

4.3.3　商业应用场景举例

销售潜力预测模型支持多维度分析，因而它能够支持多种应用场景。本节列举了一些常见的应用场景。

1. 支持企业生意潜力评估

（1）过去的传统方式

传统的企业生意潜力评估方式是，根据过往生意销量表现、区域表现、人口数量、经济发展状况、行业表现等各类宏观数据，结合企业自身的财务、人力等资源投入情况，不断尝试发现市场机会，调整生意目标，很多时候需要依靠高层管理者的个人经验和对市场的敏锐嗅觉。其弊端如下：

- □ 通常外部行业和市场的信息容易收集不全或不准确，而且过于依赖少数专业人士的经验；
- □ 企业内部信息的完整性取决于内部信息化、数据化的完善程度，多数企业并不具备精准和细颗粒度的分析与洞察能力；
- □ 高层管理者或者关键岗位人员的经验千差万别，在瞬息万变的市场环境中很难长期确保对市场需求的精准判断。

（2）现在的数字化方式

地理数据平台的渠道规划，将利用覆盖全渠道的千万级地理位置数据，洞察各类渠道市场的发展趋势，识别市场机会，实现对区域、城市市场的精准洞察，支持企业对未来的精准布局。具体来看，地理数据平台的生意潜力评估方式包括以下几方面。

1）覆盖全渠道的 POI 类型，可以及时把控网点和店铺的数量动态趋势、开关店数量，从而预估市场规模。比如：要将新品某包装饮料推向市场，需要考虑市场预估如何、盈利前景如何判断、渠道如何选择等。通过地理数据平台，从零售网点、餐饮、公共交通、写字楼等各类渠道中，结合品牌、产品的特性和自身优势，对比发现可以选择餐饮渠道进行突破，从而集中资源，支持业务团队进行重点谈判。

如图 4-16 所示，在该区域的各种业态中，中餐馆的数量最多，所以消费潜力预测得分最大。（为了便于理解，这里只考虑一个因素，但实际业务中往往会考虑多个因素。）业务团队会重点与中餐馆谈判，内容涉及瓶装奶、盒装奶、奶酪等奶制品的原材料等。

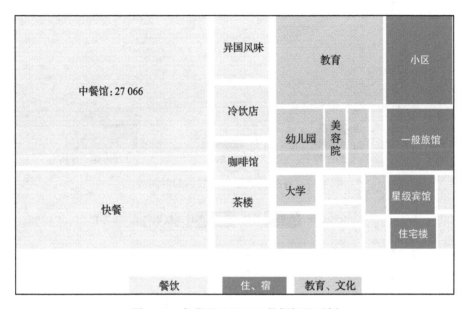

图 4-16　各类型地理 POI 数据标签示例

2）站在渠道规划的角度，为了更好地洞察渠道趋势，识别季节性及销售淡旺季的机会，需要在时间维度上进行更细粒度的洞察。可以实现对过往三年历史数据的追溯和对比（见图 4-17），可以按年度、季度、月度甚至天追踪渠道网点的动态变化，从而帮助企业更精准地把握渠道趋势，抓住市场机会。以图 4-17 为例，餐饮的潜力指数最大且增长最快，那么业务部门就可以把更多精力放到餐饮上。

3）对于全国性企业来说，各区域市场的消费习惯和市场环境差异很大，想做到全国一盘棋难度很大，而且对企业的资源投入和生产把控能力都有极高的要求。企业在进行新品上市时，尤其希望对市场进行精准预测，从而提高成功率，降低风险。各种渠道或 POI 网点数据可以从全国、区域、省市、县乡、街道、社区到网点，实现上下贯通、定向聚焦。通过对目标市场的精准筛选，可以在新品试销阶段最大限度地规避风险，提升资源的投入产出比。

由图 4-18 可以看出，交通运输和零售都是大渠道，可以用来测试新品，同时，我们可以看到新品在不同省份的销售表现。

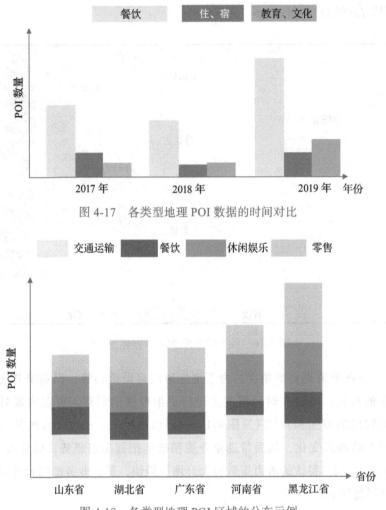

图 4-17　各类型地理 POI 数据的时间对比

图 4-18　各类型地理 POI 区域的分布示例

2. 精准识别高价值门店

识别高价值门店的目的是提高销售资源的投入产出比，实现销量和利润双提升。

（1）过去的传统方式

在快消行业，企业在渠道终端的营销方式多种多样，如价格促销、导购、堆头陈列、买赠等，通常会与零售商或门店店主开展联合营销活动，以求最大化品牌价值。通常，品牌商总部会与零售商进行联合生意计划等战略合作，但在具体活动落地时，由一线业务人员基于对业务目标、当地市场环境、竞争态势及消费需求等方面的综合考虑，结合个人经验制订相应的市场营销计划。此种情形下有 3 个明显的弊端。

1）企业的销售资源通常掌握在企业总部、大区的销售或市场部门手上，尤其对于某些重大营销活动的规划、组织和实施，这会导致对一线实际市场状况的响应和反馈较慢，甚至存在一定的偏差，造成营销资源的浪费。

2）在渠道终端投入营销资源后，在销售上的反馈通常具有一定的滞后性，尤其当有多种营销活动同时进行时，事后很难识别出究竟是哪一种营销活动最能拉动销售，也就无法做到营销资源的精准投入、评估和优化。

3）全国性快消企业的销售人员规模一般在千人以上，面对如此大规模的业务团队，对成功经验的提炼和复制是极其困难的。过于依赖一线业务人员个人经验的结果是，好的业务经验无法沉淀下来。

（2）现在的数字化方式

地理数据平台将打通企业内、外部门店数据，通过对行业、人口等宏观数据与门店、周边环境等微观数据的 360° 覆盖，建立销售潜力预测模型，从而发现高价值门店或区域，支持企业渠道营销资源的精准规划与投放，提升 ROI。实现过程如下。

1）研究企业不同产品线的生意特征。例如：对于休闲食品品类，明显影响销量的因素有城市级别、消费力、人流、门店类型、规模、档次、商圈位置等；对于婴儿奶粉品类，除了上述信息外，影响销量的因素还有医院 / 小区位置、适龄人口等信息。针对不同的行业、品类甚至子品类，都要遵循市场规律，通过科学的方法遴选出影响生意的因素，然后依据业务目标分别建模。

2）在销售潜力预测模型建立阶段，需要与业务部门保持无缝连接。数据团队需要近距离接触一线业务，通过实地走访市场，熟悉商业运转逻辑，从生意现象中发现问题、找到规律。比如低温冷藏冷冻品类的销售潜力预测，除了市场因素，还特别受经销商的配送能力、仓储资源的影响，而此类数据的获取非常困难。所以，数据模型的设计需要结合一线实际状况进行及时调整，否则将无法准确判断市场机会。

针对这个场景，我们做了图 4-19 中的一系列数据分析应用产品。这些应用虽然实现起来非常麻烦，但是得到了业务方的高度认可。

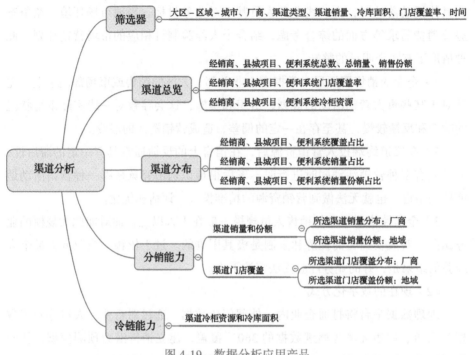

图 4-19　数据分析应用产品

3. 精准识别消费者，实现新产品精准铺货、媒介精准投放

（1）过去的传统方式

在概念和研发设计阶段，新产品通常会圈定目标消费者和使用场景。在随后的商品化阶段，产品会根据市场和企业资源状况调整铺货范围和节奏。在上市阶段，通过试产试销等方式可以聚焦资源、降低风险，但也会导致节奏放慢、错失市场先机。同时，对于户外媒体、楼宇广告等线下媒介，企业往往会在年度媒介规划中依据市场目标与媒介公司谈判并进行资源投入，但在投放的精准性和效果方面通常会缺乏客观、完整、中立的评估方式。大多数快消企业缺乏相对完善的会员信息，尤其在个人信息安全越发严峻的大环境下，难以对个体进行精准洞察。所以，利用某些技术实现对某一类群体的覆盖，从而让对用户需求的精准捕捉和洞察变得更有现实意义。

（2）现在的数字化方式

地理数据平台利用覆盖 0～100 岁的全人群地理数据，全面、精准地洞察用户需求，实现营销资源、新产品及媒介的精准投放。应用主要集中在以下两方面。

1）支持新品上市。通过对新品策略人群位置的精准锁定，再圈定可触达目标人群的重点门店，可实现对新品的精准铺货，从而快速占领市场，提升竞争力。依靠对目标群体和渠道终端的精准锁定，实现针对门店"最后 1 公里"的精准触达。

案例一：在某品类的高端产品上市前，业务部门通过对区域进行栅格划分，将对"北京"的查询发给运营商，运营商将北京按 500 米划分栅格，将每个栅格的人群标签和对应的人群数量返回。于是业务部门就找到品牌目标人群（18 ～ 35 岁中高消费年轻女性）集中活动的区域；随后在目标区域内，找到高端精品超市（BLT、BHG 超市）、新零售（盒马鲜生）、便利店（便利蜂）等进行精准铺货。

案例二：随着现有产品线的不断升级，渠道精耕越发重要。某事业部专门针对年轻群体开发了一款新品。众所周知，校园渠道在客群集中度、品牌活动影响力、市场培育等方面都具备独特的优势。以往在开发校园渠道门店时，品牌方多依赖经销商或一线业务人员的拓展，但盈利或市场目标差异导致效率低，很难保证品牌方的利益。（业务人员的拓展效率低，是因为他们无法量化门店的价值，可能会漏掉高价值门店，或者把精力花在了低价值门店上。）

为了从全局角度占领市场先机、把控市场主动，我们采用了以下步骤：

第一步，锁定全国院校，先利用地理数据对全国高校进行精准锁定；

第二步，筛选院校门店，将校园周边的商超门店筛选出来；

第三步，筛选 18 ～ 25 岁的年轻顾客多的门店（我们的用户是 18 ～ 25 岁的年轻人群，因此面向这部分用户的门店才是高价值门店），针对这部分高价值门店进行重点突破。

2）媒体精准投放。融媒体时代，线上与线下的各类媒体逐渐进入精细化运营阶段。线下媒体，如户外大屏、楼宇电梯广告、公交广告等，在临门一脚、促进销售转化上具有独特的优势。因此在很多传统行业中，此方面的资源投入比重都是较高的。利用地理数据平台可以通过对高聚集目标人群的锁定，叠加楼宇、社区等关键位置信息，对各类媒介资源实现精准投放。

案例：婴儿奶粉品类是一个高频且刚需的品类。妈妈或准妈妈们的消费行为偏于理性，习惯多打听、多研究，通过多渠道获取相关信息，以为宝宝提供安全、优质的食品。因此在妈妈们一天24小时受到各种信息的不断"轰炸"后，楼宇广告、店内广告等通过不断的品牌营销、产品介绍能够影响其最终的选择，因而具备独特的价值。利用地理数据平台，我们可以找到在全国范围内妈妈们经常出现的场所（如医院、社区、早教机构等），然后找到适龄女性密集的地理分布；最后通过筛选找到全国顶级的社区或医院的目标位置，与媒介代理公司谈判，拿下这个渠道的广告资源。

怎么找到妈妈们经常出现的场所呢？在地理数据平台中，将目标用户群体（身上带有"妈妈"标签的用户，标签来自运营商）输入系统，系统的可视化界面就会显示这些目标群体在哪些地方出现次数最多。

小贴士 数据产品的应用阶段决定了其商业价值的大小，这也是投入时间和精力最大、最为反复的过程。其间会有各种各样的问题，对于这些问题，常见的应对措施有以下几条。

1）为改变既有游戏规则做好准备。大多数公司内部新流程的上线会面临一个困境，即新流程由于改变了现有部门或团队的业务操作方式，而且可能触动他人的"奶酪"，所以遇到的阻力会非常大，有时候甚至关系到项目的成败、人员的去留。比如在之前提及的优化门店导购的过程中，人员的重新调整关系到很多人的利益。又如将营销资源的规划和投放从粗放式改为精细化运营，必然会触动某些人的利益。因此，针对很多牵一发而动全身的举措，产品经理一定要提前规划，做好对各相关方的全盘布局。

2）连接数据、技术与业务。数据产品经理本质上是杂家，既要懂业务和运营，也要懂技术和研究，否则根本无法推进工作。尤其在传统行业中，企业通常不会配置太多开发人员，内部仍以传统产品的营销人员、研发人员为主。所以，将业务问题转化为数据问题，再将数据问题转化为技术问题，是个环环相扣的复杂过程。

3）"小步快走"。数据产品历经需求调研、设计、研发、测试、上线运营，往往在上线后才面临真正的大考。某些数据、指标的错误或者某个蹩脚的交互都可能导致各种不满的声音。建议不管看似多么稳妥的开发和测试，不管在上线前经过了多少种子用户的试用，上线后也要限定范围（如某区域或业务线内）做业务试点，待各类问题都优化完或者可控后再在更大范围内推广应用。

4.4　产品经理工作方法总结

经过协调和推动这么大的项目，作为产品经理，笔者认为最有用的方法就是 PDCA 工作方法。具体到这个项目中，PDCA 工作方法的关键就是通过试点验证、执行、数据回流和效果反馈等阶段，实现不断迭代的数据闭环。

（1）试点验证

由于数据系统的应用将对传统工作方式产生影响，有时甚至是颠覆性的改变，所以对数据系统进行前期试点很有必要。此阶段主要验证系统数据的准确性和使用体验，尤其是数据的可解释性和可落地执行方面，这项工作非常重要，事关未来数据系统能否顺利上线。

多数传统企业对于终端市场是分片区管理的，同时大量一线工作需要经销商、零售商人员协作推进，在此情形下，数据策略的执行落地会涉及企业内外部管理和监督的问题。因此，需要对数据系统将来应用时的工作流和信息流做到科学分工、权责明确，比如谁负责数据获取，谁负责数据质量，谁负责数据策略的执行和反馈，等等，否则将导致数据系统根本无法落地。通过对数据系统进行前期试点，可以验证是否存在类似问题并找到解决方案。

（2）执行

执行过程中，产品经理需要一线业务团队配合，而在配合时需要其他管理系统的帮助，因此就要将这些系统与地理数据平台进行数据打通。

目前，传统企业正在逐步推动使用数字化工具，如 SFA（Sales Force Automation，销售团队自动化）工具，以帮助一线业务团队进行终端拜访、业务维护等工作。如图 4-20 所示，地图数据平台通过数据 API 与经销商管理系统（DMS）等业务系统进行数据整合，帮助业务团队快速把控终端市场动态，提高业务效率。

（3）数据回流和效果反馈

数据回流和效果反馈阶段是实现数据闭环的关键环节。让经过市场验证的数据结果通过系统回流，再结合内部销售数据、市场份额数据等信息完善系统数据和优化模型，从而不断提升数据系统的有效性。

如图 4-21 所示，通过将内部销量数据与平台的推荐结果进行对比，持续验证和优化模型，可以支持快速、准确地发现品类的最优门店，实现资源的优化

配置。通过对导购资源进行重新优化，解决导购人员不足等问题，实现在某个季度将导购门店的销量覆盖提升 29%。

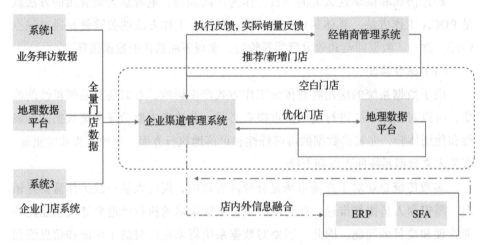

图 4-20　地图数据平台涉及的多系统数据打通

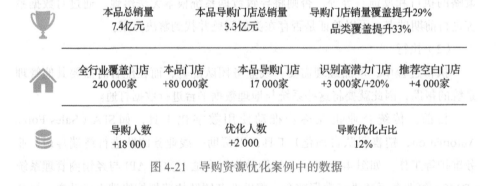

图 4-21　导购资源优化案例中的数据

　　小贴士　2B 类数据产品的使命是在企业创造价值的过程中发挥独特的价值。对于数据产品经理来讲，非常重要的是以企业生意目标为核心，灵活运用各种技术手段或数据资源来达到目标。其间会有无数的坑在等着你，而你能做的就是知行合一，以开放的心态持续学习，克服困难和挫折，在不断探索中遇到惊喜、磨炼心智、茁壮成长。

第 5 章
舆情大数据助力精准化营销

文 / 姚问雁

　　随着智能互联时代的来临，大数据应用蓬勃发展，数据已成为重要的生产要素。以用户思维为导向，大数据产品正在助力各行各业的企业从传统经验决策走向数据决策，特别是在大数据营销、大数据信用与风险控制方向，有了不少成功的应用实践。而随着大数据产品的数据不断完善、业务持续迭代，企业正经历从 CI（需求决策）到 BI（商业决策）再到 AI（智能决策）的数字化实践过程。

　　本章将从如何在快消领域利用舆情大数据进行业务变现展开，从企业面临的共性业务痛点出发，结合实际应用场景，讲解基于非结构化舆情大数据搭建人、货、场、介、时的全链条、全方位洞察大数据产品的过程，帮助大家理解舆情大数据赋能业务侧、提升经营效率、驱动业务增长的商业目的，使企业筑就更强大的品牌力，拥有更优越的产品矩阵，获得更多忠实消费者，占据更多的消费场景，实现更精准的媒介触达，进而提升业务实时变现能力。

5.1　舆情大数据平台的意义

　　消费者需求不断变化，市场营销环境与商业模式也随之发生变革，企业面临着各种各样的挑战。快速获取市场反馈、节省人力和时间成本、及时响应并做出策略调整，是企业突破困境的根本。在业务环境日益复杂的背景下，舆情大数据成为企业洞察消费者个性化需求的重要手段。以大数据驱动的营销产品越来越丰富，这些产品基于对消费者真实声音的"聆听"，赋能各商业应用场景，具有重要的意义。

（1）提高网络舆情的引导和管理水平

当今，互联网舆情，特别是负面舆情，传播迅速且不太可控。因此对于企业而言，做好舆情引导和管理、降低或者避免负面舆情爆发带来的负面效应就显得尤为重要了。及时跟踪线上舆情，可以对负面舆情进行预警和监控，辅助决策和实施，从而避免负面信息大爆发。该舆情大数据商业应用场景的重点是提高网络舆情的引导和管理水平，掌握信息传播的主动权，维护好企业的声誉。

（2）舆情分析助力开展营销效果实时监测

在快消行业，运营人员需要投入大量资源进行一系列的营销活动，以帮助企业提升品牌形象，提高业绩。对于传统的投放广告、营销活动，很难监测和反馈效果，而采用舆情大数据手段，通过对消费者线上触点的全面监测及舆情分析，我们可以快速了解消费者的舆情动态和热点趋势，进而全景洞察营销效果，完善企业营销计划。

（3）舆情分析助力发掘商机

移动互联网的普及率逐步提升，网民数量日益壮大，庞大且复杂的舆情信息中隐藏着用户的需求。借助大数据工具或平台对网络舆情中的有效信息进行提取和分析，企业可以快速发掘用户喜好和市场需求，为进一步完善产品研发、创新等提供有效的决策参考。

运用舆情大数据手段，在全网海量数据资产的基础上，深入了解消费者在人、货、场、介的洞察，可以实现多、快、好、省、准的生意价值目标，支持企业精准化营销战略。

5.2 产品实现

本节重点介绍大数据产品的实现，同时给出产品经理需要具备的思维和能力。首先，需要有数据产品思维，帮助相对传统的行业培养使用数据决策的习惯。这部分最难的是如何让数据更准确，提升大家使用数据的信心，进而规划产品进阶步骤。其次，需要掌控基础的 IT 实现过程，包括数据从底层到在前端应用中呈现的过程（有开发经验是加分项）；同时需结合业务过程，掌握产品经理的基本技能，如数据验证（一定的洞察报告撰写能力）、原型图绘制、项目沟通等。最后，需要有对行业业务场景的理解以及对企业内部环境的洞察力、适应能力（如在传统行业，很多时候产品经理还肩负项目管理、培训推广等多重职责）。

5.2.1 研发背景

在传统业务模式下，企业面临着项目管理反应慢（缺乏策略实施后的及时有效反馈）且花费高、监管存在漏洞、落地执行效率低、无统一的管理评估体系等问题。另外，许多企业还存在缺少互联网侧消费者的数字化信息、监测碎片化、临时监测成本高、产出周期长、无系统平台支持等问题。在不断凸显的业务难点、管理挑战及技术瓶颈面前，企业亟须以更全面、更快速、更高效的平台来应对多方面的挑战，借助大数据技术手段（高并发数据抓取与清洗、NLP、图像识别、情感 AI 判断模型等），搭建数字化洞察产品，赋能商业应用。

快消行业品牌商需要投入大量资源做营销推广。某大型品牌商在依靠传统经验做营销项目时，出现了很多突出的问题（大部分传统企业的通病），这些问题可以归为以下几类。

管理侧遇挑战：

❑ 无法有效评估跨平台、跨项目营销资源的投放效果；

❑ 传统项目制存在时效性不佳、成本昂贵、洞察不够全面和精准等问题；

❑ 各项调研洞察是孤立的，无法形成统一的标准化知识资产；

❑ 成果落地到执行评估无法形成闭环。

实现手段受限：

❑ 高度依赖人的经验，缺乏依据数据决策的习惯；

❑ 没有大数据技术应用赋能方面的沉淀，自动化程度低；

❑ 各部门没有可挖掘的共有共用的洞察工作平台，知识共享无法保障。

待决策的核心商业问题（举例）：

❑ 品牌如何快速占领消费者心智，客观对标品牌价值占位？

❑ 如何实时捕获产品在消费者中的口碑？电商舆情监测如何做到持续、全面？

❏ 如何赋能产品创新，降低创新成本，缩短产品商业化路径？

❏ 如何快速追踪媒介投放项目的投入效果？

❏ 如何优选潜力代言人？

❏ 如何支撑重客做渠道管理？

❏ 如何保障企业声誉？如何检测企业领导人舆情动向？

该品牌商不仅当前面临着业务决策的痛点，而且要思考在消费者触点时刻裂变、消费者决策路径不断缩短的业务环境下，如何获取海量、复杂的消费者反馈信息，精准满足消费者的个性化需求，真正做到"以消费者为中心"。最终，平台以系统化、平台化方式实现线上线下全触点打通，及时倾听消费者心声。

产品（平台）的实现过程为：结合企业自身的业务开展情况，采用定制化开发方式，完成大数据平台的搭建及私有化，形成支撑品牌资产研究、消费者产品体验、人群画像洞察、产品创新赋能、渠道优选、媒介效果追踪（代言人前后测、综艺节目效果追踪）等业务方向的全网舆情消费者洞察体系，如图 5-1 所示。

图 5-1　平台支持的业务方向

5.2.2　平台业务架构设计

平台定位为基于大数据舆情的业务洞察及组织赋能（业务数字化管理）数据产品，以数据不断驱动业务场景打磨，实现与各业务方共创、数据驱动管理和持续优化迭代的良性循环。

设计的总体原则是以业务为导向，覆盖各种商业应用场景并提取公共特征，形成从 IT 实现到赋能应用的一系列方法论，并在平台上为这些方法论进行统一标准接口抽象（含基础设施、中间件技术服务、各层业务服务等），实现分布式部署、模块自治，为平台提供更好的扩展性和稳定性。如图 5-2 所示。

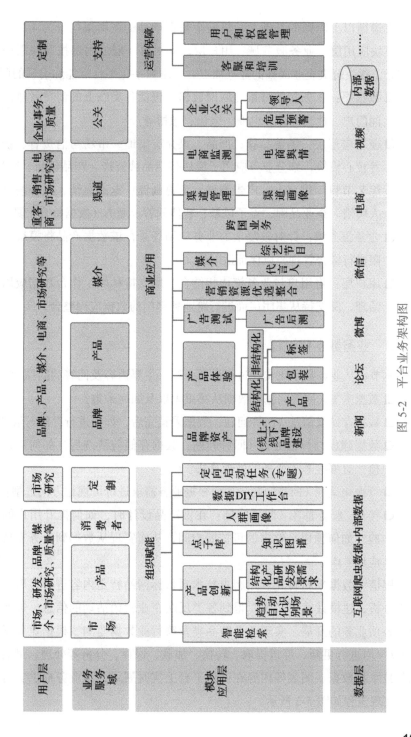

图 5-2　平台业务架构图

在遵循以上原则的基础上，将整个数据产品的逻辑架构分为4层，即数据层、模块应用层、业务服务域、用户层，并对每一层的内部按照权限进行精细化切分，逐一解决企业面临的业务痛点，实现数字化平台赋能和引领的职责。

- 数据层：业务相关海量互联网数据，包括各类线上的消费者触点，如新闻门户、社交媒体、电商、微信、微博等。

- 模块应用层：涵盖品牌、产品、媒介、渠道、市场与消费者、企业声誉等核心模块，细分业务应用子模块包括品牌资产、产品创新、产品体验、综艺节目、代言人、广告测试、渠道画像、电商舆情、人群洞察、领导人舆情、企业品牌、点子风暴、智能问答、魔方（数据整合工具）等。

- 业务服务域：针对较复杂的业务应用场景，该数据产品将模块应用与权限进行综合管理，以保证适配性。

- 用户层：将用户与业务模块相结合，既支持私域工作台数据应用及自主治理，又支持从集团层面进行跨业务部门的数据应用整合，实现共享。

5.2.3 业务数字化过程

本节将从业务数字化实现过程展开介绍，主要内容及回答的问题如下：

- 数据采集（回答问题：数据从哪里来以及如何采集？）

- 数据存储及清洗（回答问题：数据采集完后，如何进行存储与清洗？）

- 数据建模与算法处理（回答问题：数据存储与清洗后，如何进行业务建模？有哪些基于业务的处理算法？）

- 可视化呈现（回答问题：如何根据业务需求进行可视化方向选型？）

- 接口/服务抽象（回答问题：在做产品设计时，如何提升用户的使用体验？如何预留足够多的可扩展空间，从而实现从数据到业务支持的快速应用？）

舆情大数据平台首先利用爬虫技术对目标网站特定内容进行抓取，再利用语义分析、建模计算等技术，得到各类反映企业营销活动的信息，进而支持和指导各项业务的开展。实现业务跨品类及跨行业数据监测，根据业务紧迫性按时/天/周进行更新，经过提取、转换、加载、保存、分析等处理，最后利用可视化技术将数据、图表等内容在网络平台上实时展示，为业务提供实时转化能力。实现流程如图5-3所示。

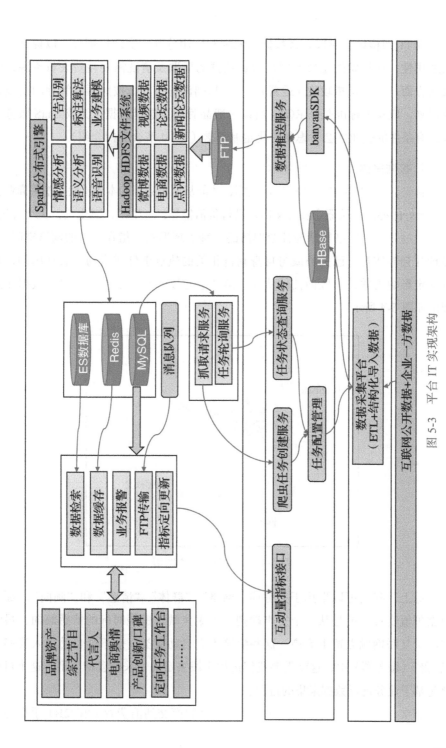

图 5-3 平台 IT 实现架构

在 IT 架构设计阶段，将数据的处理和应用分开，实现松耦合，以提高产品的适用性，这样做的主要原因是海量数据的抓取及清洗需要耗费大量资源，涉及两方面：一是反扒攻克（运营），二是基础设备投入。按照项目管理的商业价值规划，成功的标准是高 ROI，所以一般品牌商会选择数据采买或 SaaS 服务方式，有条件的企业才会考虑私有化定制部署（5.2.4 节会专门介绍）。

1. 数据采集

首先，我们需要深入了解舆情数据，才能从该类数据的本质出发去挖掘商业价值。最好的办法是从概念和定义出发进行价值推导，一生二，二生三，三生无穷。

明确数据：网络舆情为社会舆情的一种表现形式，指在一定的网络空间中，各种社会群体对自己关心或与自身利益相关的热点事件或事物所表现出的，具有一定影响力并带有倾向性的认知、情绪、态度和意见的总和。舆情数据元素图谱如图 5-4 所示。

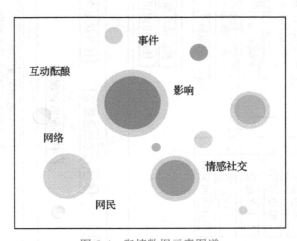

图 5-4　舆情数据元素图谱

综上，我们可以聚焦于关键词"网络""群体""情感"和"倾向"。那么数据价值变现一定是从一个发声端到一个聚焦端，围绕对标的情感倾向，最终在海量互联网触点留下痕迹。这些痕迹不会自动聚类，也不会自动进入我们的"后厨"（服务器）中，这就需要我们运用手段去定向"采购食材"了。这个过程就是基于业务进行数据采集的过程。

其次，需要结合业务进行数据甄选。品牌商交到消费者（2C/2B）手里的实

体是消费品 / 生产工具。在完成最后一环的使命后，如何看消费者的反馈，如何进行消费者传播触达，如何打造品牌效应，等等，都需要品牌商根据业务场景从海量的线上信息中筛选出高价值数据。

高价值数据获取：高价值数据的选择、分类及结构化处理是舆情大数据平台中的重要一环。以某快消品牌商为例，在舆情大数据平台设计中，基于其自身业务特点，需要覆盖品牌资产线上建设、消费者产品体验反馈、综艺 / 代言人资源投放效果评估、产品创新等场景。该品牌商以消费者为中心，将数据源按照三大渠道来源归类：消费者声音（UGC）、官方渠道（PGC）及专业中立，如图 5-5 所示。

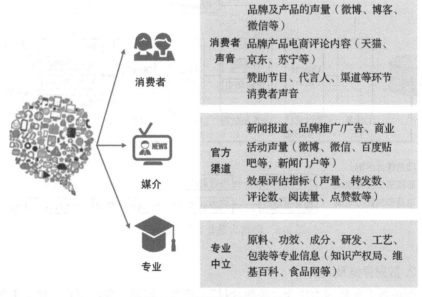

图 5-5　舆情数据分类示例

消费者声音主要包括品牌及产品的声量（微博、博客、微信、百度贴吧等）、品牌产品在电商平台（天猫、京东、苏宁等）上的评论内容，以及赞助节目、代言人、渠道等环节的消费者声音等。

官方渠道主要包括新闻报道、品牌推广 / 广告、商业活动声量（微博、微信、百度贴吧、天涯社区等，新闻门户等）及效果评估指标（声量、转发数、评论数，阅读量、点赞数，帖子数、关注数，点击数、回复互动数等）。

专业中立主要包括原料、功效、成分、研发、工艺、包装等专业信息（知识产权局、维基百科、食品网等）。

数据源主要有门户网站、论坛、博客、视频平台、社交平台等。

最后，根据数据特点及业务时效需求进行技术选型。本舆情大数据平台的采集方式为：首先，在 Redis 数据库中初始化种子队列；接着，对种子进行读取，在启动模型爬虫或定向爬虫前，进行已采集 URL 过滤；然后，按列表进行数据抓取，过程中匹配动态过滤字段；最后，将数据进行分发，基于 Kafka 分布式流平台实现支持消息持久化的高吞吐量、分布式处理，并将数据存入 HBase 数据库中。具体抓取流程如图 5-6 所示。

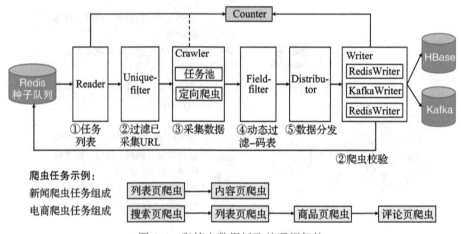

图 5-6　舆情大数据抓取的通用架构

2. 数据存储及清洗

前面将采集数据类比为"采购食材"，那么按照做大餐的流程，接下来肯定要在"后厨"（数据仓库）中存储及清洗"食材"（数据），为后续步骤做准备了。在为大数据搭建数据仓库的时候，需求与业务提取的频次、方式、量级都息息相关。数据产品最终要可视化呈现，供用户进行交互查询，而后台的数据查询效率很大程度上决定了用户体验。没有好的底层数据仓库设计，就无法抽样接口、高效呈现，最终无法实现平台的高可用性，导致产品失败。

数据存储设计一定要与业务挂钩。以某快消品牌商为例，其底层数据采用分布式数据存储，对冷热数据（可根据业务对数据的使用频次）进行区分，同时针对不同类型的数据采取不同的存储及数据清洗设计。该品牌商的数据存储及清洗架构如图 5-7 所示，其中，大数据存储及处理集群部署如下。

❑ HBase 集群：非关系型分布式数据库，存储业务数据。

❑ Spark 集群：OnYarn 模式，基于 MapReduce 的分布式计算框架，负责数据清洗（ETL）及分析工作。（根据前端业务码表进行的数据标签化处理也在该集群中实现。）

❑ Elasticsearch 集群：高性能检索引擎，作为分析后的数据存储点。

❑ MySQL 集群：平台管理基础数据库，负责平台运营数据管理。

❑ Redis 数据库：高性能读写数据库，为 Spark 高并发处理进行数据存储及读写操作。

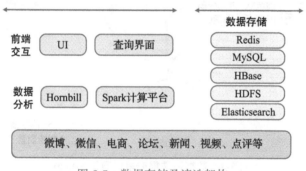

图 5-7　数据存储及清洗架构

在数据清洗过程中，由于舆情大数据是线上非结构化数据，消费者噪声往往过大，因此如何提取有效数据、提升单位数据的价值尤为关键。特别是在产品交付后，需要对产品进行打磨，不仅为了不断提高数据应用的准确性，还为了完善功能。为了保证平台数据的准确性，可对线上大数据的不同渠道来源进行归类，并采用定向数据清洗算法。比如，微博是当前主要的品牌传播平台，是非常重要的数据渠道，但僵尸粉、水军往往会把用户的真实声音淹没。提炼有效数据、做好有效数据清洗是产品设计中的重要一环。如图 5-8 所示，利用定向数据清洗算法提炼数据，不断提升单位数据的价值。

其中，由于数据量较大，在进行数据语义分析时首选 Spark/YARN 框架，实现对数据的高并发处理，再对噪声数据进行过滤和清洗，在产品前端呈现给用户清晰、明确的数据可视化统计结果，为大数据商业分析与决策赋能。

3.数据建模与算法处理

前面讲到了数据存储及清洗过程（"采购食材"），那么接下来"做大餐"就需要"切菜"和"炒菜"了。舆情大数据平台在对非结构化数据进行收录、过滤及清洗后，需借助语义分析、机器学习、图像识别、情感判断等技术为数据打上业务标签，并进行结构化存储，以便于查询和分析。

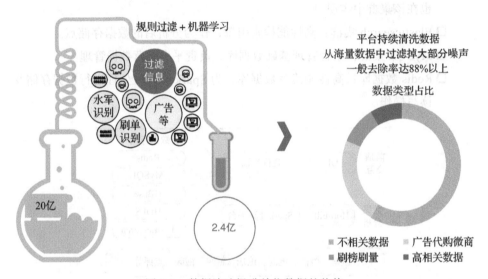

图 5-8　数据清洗提升单位数据的价值

在数字化产品设计中，平台架构均采用开源 IT 技术实现，产品最核心的部分是业务算法模型。对于业务算法模型，企业的战略定位一般是：对不可再生的原始数据进行私域沉淀，对算法基于通用组件进行跨行业、跨领域的二次开发及适配。下面结合具体案例介绍舆情大数据平台中的常用算法模型。

（1）基于 NLP 的内容挖掘

NLP（Natural Language Processing，自然语言处理）是指用计算机对自然语言信息进行处理的方法和技术。NLP 主要应用在机器翻译、自动摘要、文本分类与信息过滤、信息检索、自动问答、信息抽取与文本挖掘、情感分析等方面。舆情大数据平台的核心与难点是，结合语境对非机构化数据进行真实的拆解、还原，准确将信息拆解到人类认知的可识别"频率"范围内。常用的实现方法有理性方法和经验方法。

❑ 理性方法：基于以规则形式表达的语言知识（词、句法、语义以及转换、生成）进行符号推理，从而实现信息处理。强调的是人对语言知识的理性整理。

❑ 经验方法：利用统计学习和基于神经网络的深度学习方法自动获取隐含在语料库中的知识，学习到的知识体现为一系列模型参数。强调的是信息获取的可控性和信息的可用性。

关于这两种方法，在平台运营推广使用时有个很有意思的现象。最初，功能以满足经验和当时的业务需求为主，需要将数据快、准地呈现，因此一般都会按照既定方式快速获取数据，比如圈定信息获取码表。而当用户获取到结果，希望可见信息和可分析维度更丰富时，就让机器提供更多推荐，那么，产品在升级的时候自然会选择理性方法。在升级中，发现用户对结果的准确性、机器自动推荐的容错率、时效性、机器学习效率提出更高的要求，这时产品设计中又需要加入深度学习算法，将经验方法与理性方法相结合。而企业在做产品设计时，特别是传统行业的企业，一边希望得到大数据的赋能，一边又无法忍受机器学习成长的过程。这期间的数据变现过程，迭代的不仅是产品，也是一任又一任的产品经理。

案例 1：NLP 技术助力产品挖掘消费者反馈维度

业务痛点：无法快速从海量消费者反馈中获取更多有价值的关注点。这需要打破传统经验码表模式，从单一词语的提取到语境的情感联动识别，实现消费者反馈精准触达。

解决方案：某品牌商大数据舆情平台结合情感判断进行语义拆解和分析，将传统的 SVO（主—动—宾）型语句进行语境融合，从任意非结构化自然语言中提取句子的精要观点，形成 OFS（Object-Feature-Sentiment，主体—特征—情感）三元素结合，帮助产品进行语义的精准提炼，而不再是断章取义。OFS 举例：逛超市看到了华为手机（O），外形（F）好好看（S）。

传统语义分析抽取单个对象关键词的问题在于：一方面，抽取的中文词普遍存在歧义，容易造成误判，例如，苹果究竟是品牌还是一种水果，声音大究竟是正面评价还是负面评价；另一方面，获取关键词、过滤词受限于人的经验，无法做到自动、全面。OFS 模型算法创新地运用主体—特征—情感的观点搭配，将传统的实体、特征、情感歧义问题通过分析语法、利用相关性分类器、确定

111

特征搭配及极性词典等手段来解决。

另外，三元素结合技术还可基于词向量模型对词进行补全。举例来说，分析人员想到的词往往有限，如减肥、减脂、多运动、少吃，而三元素结合技术能生成十分丰富的词，如体重管理、均衡膳食、燃脂、低卡、代谢、碳水摄入、健身等，使数据处理更加全面精确。如图 5-9 所示。

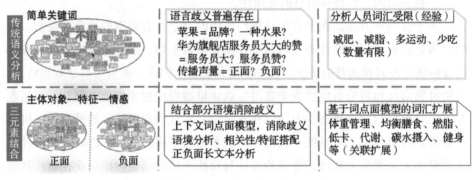

图 5-9　三元素结合模型对比解析

在该品牌商的舆情大数据平台中，三元素结合技术用于消费者的产品反馈内容洞察，用于识别产品改善机会及挖掘创新方向。实现步骤为：先对数据进行匹配，对领域知识自动推荐（如"水果味"自动匹配到"口味口感"，"吸管"自动匹配到"包装"），再把数据与相关领域知识联系起来，通过语义模型训练和扩展，生成定制的精细模型。如图 5-10 所示。

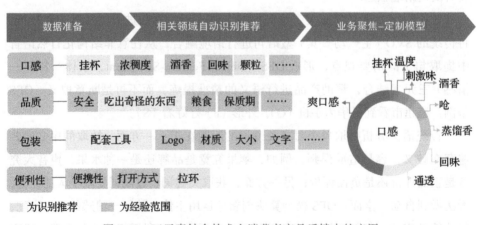

图 5-10　三元素结合技术在消费者产品反馈中的应用

案例 2：NLP 技术赋能知识图谱智能推荐

业务痛点：在做创新业务洞察时，如果缺少专业平台支持，无法给予用户从知识点到整个知识面的关联输出，给予更全面、更智能的可视化呈现，就很难让洞察"有声有色"。

解决方案：某品牌商的舆情大数据平台采用 NLP 语义关联归类，将原料—成分—功效进行知识网络组建，大大提升产品创新的效率。平台可以基于全网数据及行业专家经验，围绕指定关键词快速生成网络化的知识图谱，结合市场监测发现新品机会；围绕指定关键词快速生成对应的知识网络，大大降低知识获取成本；快速扫描市面上的相关产品信息，评估概念的可行性，探索产品创新的机会。知识图谱智能推荐过程如图 5-11 所示。

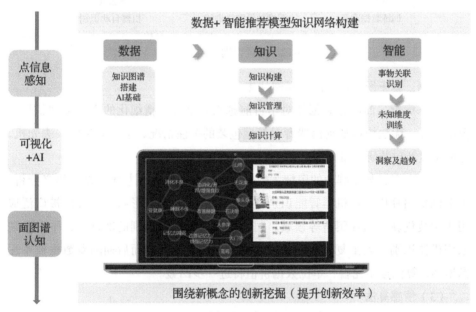

图 5-11　产品创新知识图谱推荐

（2）基于深度学习的图像识别

定义：图像识别是指利用计算机对图像进行处理、分析和理解，以识别各种模式的目标和对象的技术，是深度学习算法的一种实践应用。现阶段，图像识别技术在商品识别中大量应用，特别是在无人货架、智能零售柜等零售领域。

在利用该技术进行业务应用时，可通过训练数据准备、深度神经网络训练、机器自动识别 3 个步骤（如图 5-12 所示），完成智能采集、智能标注、图像识别引擎完善、自我深度学习的过程。

图 5-12　图像识别的 3 个步骤

案例：基于图像识别的创新图片库

业务痛点：商品包装创新对于目前越来越垂直、精细化的小而美创新是重要的一环。无法快速捕捉消费者对新型包装的关注情况，会在竞争中失去先机，进而错过新包装研发带来的机遇。

解决方案：某品牌商的舆情大数据平台利用图像识别技术，结合语义分析，沉淀创新图片库，让机器智能识别商品的 logo、包装和形状。该方法被广泛应用于包装创新、图片舆情等领域。同时，为保障图像识别的准确率，平台前期采用机器识别＋人工复核的方式，人力投入成本较高，而后期随着数据样本逐渐增多，算法逐步完善，单位数据价值将进一步凸显。

（3）情感算法

情感算法的商业应用是伴随着微博的流行而开始的。微博信息流囊括了众多话题，很多信息看似琐碎，而且非常不规则，但事实上蕴藏着巨大的价值。微博上的各种互动往往与用户的心理有关，用户一旦在微博上发言，便有了立场和倾向，我们就可以对其做情感分析。这对于消费者画像及需求的深度洞察具有重要价值。目前存在两种情感判断方式：一种是使用情感词典及其关联信息分析文本情感，另一种是使用机器学习的方法分析文本情感。对于数据产品来说，尽量做到普适和兼容是大原则，所以数据产品普遍采用两者兼容的方式，结合技术演进不断迭代。目前，基于文本的情感算法主要有以下三种（含开放接口链接，2022 年 3 月 31 日更新）：

❑ 玻森算法：http://static.bosonnlp.com/

❑ 百度云算法：https://wenxin.baidu.com/

❑ 腾讯文智算法：https://nlp.qq.com/

案例：数据产品定期情感算法迭代

业务背景：消费者的线上语境在随着时间更迭，网络新词、流行语不断更新，对于舆情大数据平台来说，情感算法非常重要，需要不断迭代。

解决方案：某品牌商的舆情大数据平台采用 fastText 算法，在现有基础上对标注训练数据进行机器训练，不断跟进新兴消费人群的发声特点并自动优化。产品算法首先确定判断准则（单对象 / 多对象），然后将正面、中性和负面数据进行区隔，最后通过人工标注来校对"标准答案"，对训练机器进行模型提升。具体步骤如图 5-13 所示。

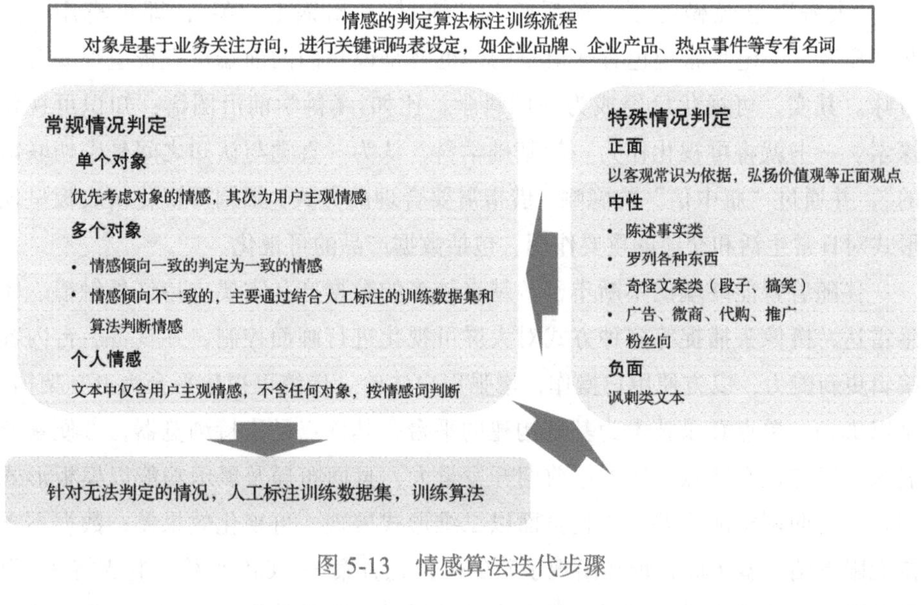

图 5-13　情感算法迭代步骤

通过对足够多的样本量进行训练，达到优化目的。虽然每次迭代花费的时间和资源较多（须人工标注标准），但仍然建议数据产品每年至少进行一次整体优化，毕竟网络情感用语日新月异。经过优化，该品牌商的数据产品质量有明显提升，如图 5-14 所示。

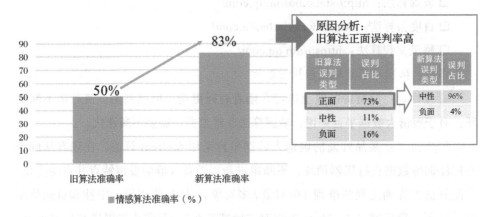

图 5-14　情感算法优化结果示例

4. 可视化呈现

"大餐"已经做好了，最后添加"辅料"、出锅上"菜"，即可享用。但是"食客"一定是希望色香味俱全的，也就是说我们的前端仪表板呈现要合其口味。其实，可视化已经成为一门科学。比如，《科学前沿图谱：知识可视化探索》一书就将可视化作为一门基础学科，认为"直觉与认知之间是密切联系的"，并通过"瓶中信"的隐喻（借指需要合理的方式）强调可视化仪表板呈现形式对日常生活和交流的重要作用，包括数据产品的可视化。

伴随着智能终端的不断丰富，越来越多的数据产品需要支持红外触摸、体感雷达、摄像头捕捉等多种方式对大屏可视化进行画面控制，并具备后台内容编辑更新能力，以方便用户操作，增强用户体验。传统可视化平台为 B/S 架构，是以 Java、单点登录技术为基础构建的平台，其优点是支持浏览器，方便系统嵌入，但它也有缺点，比如：前期开发量大，页面布局及展示功能以模板形式固定；后期调整能力差，并且页面以二维形式展现，可视化效果差；数据不支持无限下钻。鉴于此，现在出现了新的可视化方案——C/S 架构，它支持 3D 引擎和图形特效技术动态展示，具有全三维展示、视觉效果好且交互性强，功能可自定义开发、扩展性好，数据接入能力强、多种数据源实时接入等优点，而其缺点是需要针对各类终端进行适配开发。

在具体的技术选型方面，可从过往产品设计角度考虑：对于做数字化大屏展示、对外宣传、关键汇报窗口等场合，建议采用 C/S 架构；其他没有特别说明的，一般采用 B/S 架构设计和部署。二者各有利弊，产品经理需和项目经理就业务需求及资源进行充分沟通，选择最优方案。

5. 接口 / 服务抽象

可视化可以给"食客"提供赏心悦目的大餐，而在"食客"享用大餐的过程中，就餐环境也是用户体验的重要一环。在数据产品设计中，接口设计及相关服务的抽象归类就好像餐具（刀、叉、筷子等）和周边环境。好的餐具能够方便食客享用大餐，如果食客同时还能享受下音乐就再好不过了，同样，在数据产品实现中，接口的适配性和效率、服务类型的定制化也非常重要。

我们知道在 IT 实现中，接口的主要功能有：

❑ 实现不相干类的相同行为而不需要考虑这些类之间的层次关系；

❑ 实现多继承机制；

❑ 方便用户了解对象的交互界面，而不需用户了解对象所对应的类。

由此可以看出接口的桥梁作用。在产品设计中需要做好适配性、多方兼容性和业务数据（最终体现在 UI 上）的高效呈现，才能极大提升用户体验。这样，产品经理在运营宣传的时候，就会对产品有极大的信心。因此，接口优化是数据产品迭代的必经之路。

案例：某舆情大数据平台的数据流向

从数据抓取端到数据分析、数据处理及数据呈现端，全链路数据调用的各个步骤，该平台均按照接口方式实现。平台基于接口调用的数据流向如图 5-15 所示。

5.2.4　私有化部署

目前，对于大部分传统行业来说，IT 自主研发成本高，平台运营对专业性的要求高，很难抽调资源支持非公司生产经营工作。大部分数据平台会采用 SaaS 方式进行账号采买（一般要求轻量级定制化）；而对数据质量、业务场景定制要求高的企业则会选择外包定制开发方式，但数据产品开发好后，内部数据安全如何保障、业务应用如何提供稳定支持、如何节约运营费用等都是投入生产环境后面临的问题。有条件的企业可采用私有化方式，以上问题将迎刃而解。

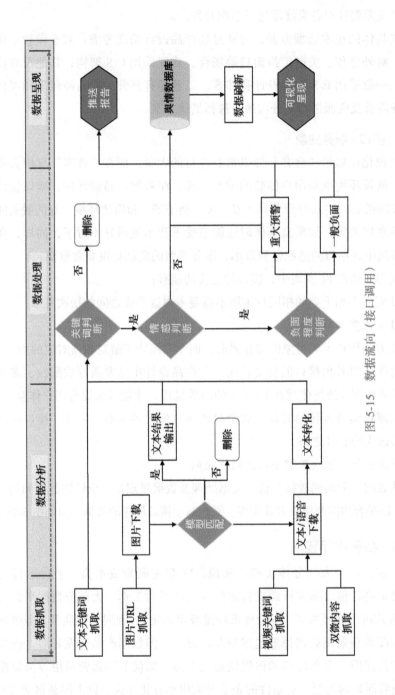

图 5-15 数据流向（接口调用）

私有化部署是指借助外部力量（如外包开发供应商）完成数据产品开发后，将平台完整地部署到企业私有服务器集群中的过程。私有化部署后，相比于原有架构，新平台具有以下优势：

❑ 数据可从内部加密隧道连接办公网，数据更安全；

❑ 可选择内部办公网最优网络、最优集群进行部署，响应速度更快。

1. 提供服务器平台

在私有化部署之前，需要先准备平台硬件和网络，并设置相关的接入方法和数据传输路径，具体如下。

❑ 提供服务器硬件清单。

❑ 提供远程接入方法。提供 VPN 或其他安全接入方式，对平台进行远程运维。

❑ 提供数据传输网络。提供 50MB 以上的公网数据通路，保证外部数据云将数据正确地推送到私有化平台。

❑ 提供私有化部署的域名。

2. 私有化环境部署

（1）系统中所用到的数据库、操作系统、软件名称及版本号等信息

数据库准备信息如表 5-1 所示。

表 5-1　数据库准备信息

组件	版本需求	备注
操作系统	CentOS 6/Red Hat 6	示例
Java	Oracle JDK 1.7.75	示例
HDP	HDP 2.4.0 及以上	示例
Elasticsearch	Elasticsearch 2.3	示例
MySQL	Oracle MySQL 5.5	示例
Redis	Redis 3.1	示例

（2）Hadoop 集群安装

Hadoop 部署采用 HDP 版本，部署架构如图 5-16 所示。

采用独立的主节点管理从节点。采取 HBase、YARN、HDFS、Spark 节点

混合部署的方式进行 Hadoop 集群部署。

（3）Elasticsearch 集群部署

Elasticsearch 服务器部署拓扑如图 5-17 所示。

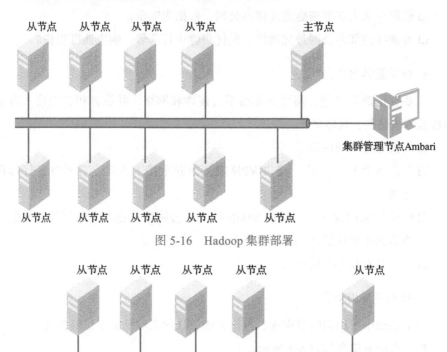

图 5-16　Hadoop 集群部署

图 5-17　Elasticsearch 集群部署

Elasticsearch 集群采用独立主节点管理从节点的方式部署。

（4）远程发布项目

可参考表 5-2 设置相关的远程发布 IT 项目。

表 5-2　远程发布示例

部署项目	类　型	虚拟机数量	虚拟机配置
ds-XXX-app-gen	后台服务	2	16GB，8CPU
ds-XXX-app-web	Web 服务	3	16GB，8CPU
ds-XXX-serv-platform	后台服务	2	16GB，8CPU
ds-X-app-front	Web 服务	2	16GB，8CPU
ds-XXX-xxx-app-web	后台服务	2	16GB，8CPU
ds-XXX-serv-gen2	后台服务	3	16GB，8CPU

（续）

部署项目	类　　型	虚拟机数量	虚拟机配置
yz-xxx-serv-triple	三元素结合算法	4	32GB，8CPU
Nginx	HTTP 服务器	2	16GB，8CPU
MySQL	MySQL 服务器	3	32GB，8CPU
Redis	Redis 服务器	3	32GB，8CPU

3. 数据迁移

私有化平台迁移要求，首先应保证迁移过程不影响正常业务，其次保证私有集群切换后的数据正确性和服务可用性。出于以上两点考虑，使用如下步骤进行平台迁移。

（1）复制数据

确定一个时间点，将该时间点的数据进行全量复制，传输到新集群中，并回到对应的存储组件和存储位置。迁移的组件如表 5-3 所示。

表 5-3　存储组件示例

库表类型	数　　据
HBase 表	Snapshot / Restore
Elasticsearch 索引	Snapshot / Restore
MySQL 库	mysqldump
Redis 库	RDB

（2）同步数据

数据同步是在为服务测试并切换线上服务做准备。将旧平台和新平台的数据同步，并保持一致。在用户无感知的情况下切换到新平台，不影响正常服务。

（3）服务测试

服务测试分为可用性测试、功能测试、数据测试。分别完成测试。

❑ 可用性测试：测试服务的可用性、稳定性、容灾性。

❑ 功能测试：测试功能是否正常。

❑ 数据测试：测试数据一致性、完整性。

（4）服务切换

服务切换是将用户的请求从旧平台引导到新平台的过程。服务切换要注意以下几点：

❑ 提前通告相关人员；

❑ 在使用频率低的时间点切换；

❑ 切换后要进行可用性测试。

（5）运行观察

要时刻留意新集群是否正常运行，并且要在新平台运行的过程中保留旧平台的服务，以防发生故障需要切换回旧平台的情况。运行观察时长为一个月。

（6）回收旧平台

在运行观察一个月，确认平台已经进入正轨后，回收旧平台服务所使用的资源，供其他业务使用。

4. 目前的资源负载情况核实

对照部署列表，对服务器资源负载情况进行清点，主要查看配置、带宽、CPU 使用率、内存使用率及磁盘使用率。参照表 5-4 进行资源盘点。

表 5-4　服务器资源负载清单示例

项　　目	Hadoop 集群服务器	Elasticsearch 集群服务器	应用服务器
配置	CPU：2×E5-2660 内存：128GB 网卡：4×1Gbit/s 数据磁盘：12×2TB SAS 系统磁盘：2×300GB	CPU：2×E5-2660 内存：128GB 网卡：4×1Gbit/s 数据磁盘：6×500GB SSD 系统磁盘：2×300GB	CPU：2×E5-2620 内存：128GB 网卡：4×1Gbit/s 数据磁盘：8×2TB SAS 系统磁盘：2×300GB
带宽	无	无	300MB
CPU 使用率	平均：15% 高峰：60%	平均：15% 高峰：60%	平均：5% 高峰：30%
内存使用率	平均：60% 高峰：90%	平均：70% 高峰：95%	平均：80% 高峰：95%
磁盘使用率	平均：40%（9TB） 高峰：90%	平均：60% 高峰：85%	平均：30% 高峰：60%

5. 新域名、IP 地址、带宽配置

❑ 申请新域名：私有化部署后需要使用新的 xxx.com 子域名。

❑ IP 地址划分

■ 内网 IP：两个 C 类内网 IP 段。

■ 外网 IP：7 个外网 IP。

❑ 带宽要求

数据推送带宽：50MB 外网带宽。

5.3　产品商业应用

数据产品的价值要看商业场景的应用情况。5.2 节介绍了产品实现，我们复盘反思，从项目基本情况出发，再去看项目应用的成功和不足之处，提出值得借鉴和思考的地方。几点思考如下。

1）项目启动前。企业要对数字化有一定的包容性。在项目启动前，需对平台整体商业价值进行规划，同时做好一期成本规划。其间，最困难的是将已有业务进行整合，集中以大平台思路进行快速产出赋能，不能影响已有业务节奏。

2）项目启动后的初始阶段。最重要的是管理好相关方的期望。特别是在传统行业，产品经理需要向需求方明确数字化产品开发不是写 PPT，可以随时改动，要讲清楚项目范围、如何满足临时需求、未来规划等，要让业务方深度参与，共同成长。

3）项目执行过程中。需对过程产出进行深度跟踪，同步各阶段里程碑内容，保证业务应用价值。其间，最重要的是不断提取数据，进行准确性校验，从根本上保证产品质量。

4）项目中相关方管理及同步。要有充分的风险意识，不断与相关方沟通，如需求方的积极介入管理，财务、审计、法务和质控及时同步，阶段产出前时间余量预估等。

在支持品牌商做产品创新、消费者产品体验（含电商评论）洞察、媒介资源投放效果追踪（如节目效果监测、代言人效果追踪等）、品牌传播效益评估、渠道重要客户画像及电商舆情监测等方面，舆情大数据都可以和此类业务场景进行深度结合，提供数字化洞察体系，快速响应市场需求，为企业提供持续的数据资产累积、精准化营销策略。

下面介绍该类数据产品的一些典型商业应用场景。

5.3.1　大数据支持产品创新全流程

品牌商在进行产品创新时，无非有两种方式：自己写作业和抄作业。拥有产业链能力的大企业初期一般都会利用自己的渠道铺货能力，快速跟进（抄作业），达到可观的销量目标。但随着消费者需求越来越个性化，如何快速占据高点，找到潮流的"领头羊"，然后采用数字化手段实时支持创新，快速产出并不断调优，就成为数字创新的核心。借助大数据手段，从产品创新前期的趋势把握、人群洞察、想法概念，到产品研发中对要素（如食品行业中的成分、原料、工艺、包装等）进行全网数据趋势发现、行业动态追踪、市场观点提炼等，再到在产品上线后进行消费者反馈监测，发现优化机会，最终实现从概念点子发起到上市后优化的全闭环应用。数字化产品创新流程如图 5-18 所示。

案例：某品牌商的舆情大数据平台结合企业产品创新业务流程，将核心商业问题与数字化赋能功能相结合，提供产品创新全周期的一站式洞察体系。其中，基于 NLP 技术的趋势自动发现、点子仓库、概念发想工作台、创新包装 / 原料 / 成分、市场动态、消费者产品体验全景洞察等平台功能模块，支持对市场动态、KOL、上万种原料、一百多种成分、一百多类功效、核心权威机构、全球原料原产地等信息进行实时跟踪，挖掘数据趋势、行业动态、KOL 观点等内容，建立覆盖全网、支持全员创新的知识图谱智库，赋能公司业务创新。支持从想法到概念、产品成型的全业务方向创新赋能。如图 5-19 所示。

5.3.2 消费者产品体验全网触点覆盖

消费者对自己所购买产品的评价往往会受到其发声时所处环境的影响。那些可获取的消费者真实发声是非常具有价值的。相比测试环境的传统调研项目，采用大数据方式可以持续对全品类、全品牌、全地域进行实时跟踪。数字化平台能够提供更广、更快、更真实、可回溯的业务支持。

舆情大数据从全网、全行业与产品体验有关的用户提及信息中，提取与公司有关的消费者体验反馈，将碎片化、生动的非结构化数据进行萃取，经过标签化、指标化过程，按品牌商产品特点，结合对消费者语言的情感判断，帮助产品更全面、更精准地识别机会。

案例：某食品饮料品牌商将消费者反馈信息进行融合，将线下的客服投诉信息与线上的舆情大数据相结合，对体验的维度进行标签梳理，并对目标品类、品牌进行维度的定制评估，从包装、便利性、品质、口味口感等一级维度进行细化，结合 NLP 内容自动发现和聚类，加上业务侧标签的准确反馈，逐步完善细化维度与采集元数据的映射关系，形成一个持续驱动产品创新的引擎库。图 5-20 为消费者全景洞察维度示意图。

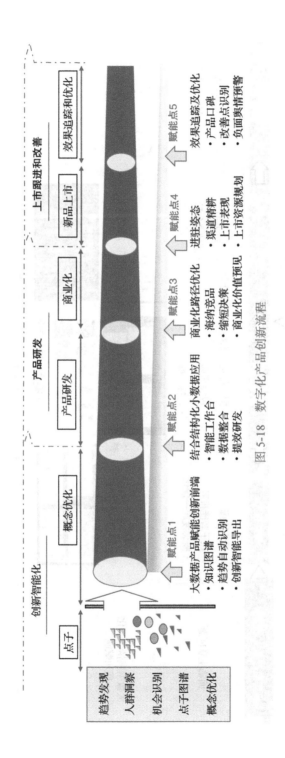

图 5-18　数字化产品创新流程

图 5-19　产品创新全流程数字化赋能案例

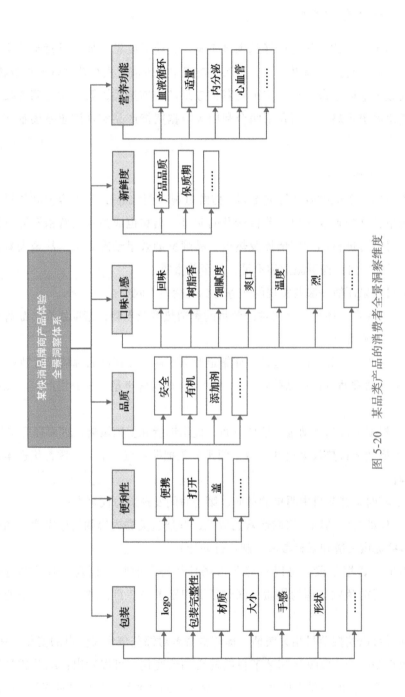

图 5-20　某品类产品的消费者全景洞察维度

5.3.3 营销效果监测

营销推广方式、渠道选择越来越丰富，企业需要思考如何对营销效果进行评估（后测），优选传播渠道，进而深入挖掘用户价值，提高营销资源投放精度。通过大数据监听手段，可以实现对营销效果的快速追踪，第一时间调整投放策略，优化渠道策略。下面介绍两个利用大数据舆情产品实现该业务场景变现的案例。

1. 节目效果评估

面对铺天盖地的各类综艺节目（传统电视、网综等），各内容方和传播渠道成为流量关注的重要关口，节目涉及的明星、嘉宾也成为各大营销资源投放的焦点。对节目进行品牌舆情提及热点、品牌赞助效果动态跟踪，甚至去看竞争对手的对标节目，挖掘赢面和不足，都至关重要。

节目效果评估一般要实现的业务目标包括但不限于：

1）跟踪竞争环境下公司赞助节目的舆情热度及走势，帮助媒介、品牌相关部门了解资源品质；

2）对节目人群画像，包括媒体渠道及热衷内容，帮助品牌精准营销；

3）评估赞助节目对品牌资产的贡献，包括品牌声量、核心资产词、品牌形象等；

4）根据声量和互动量的地域分布，提示铺货和促销策略，进而提升销量；

5）反馈节目热议渠道和内容，便于公关把握热点，借势话题，优选渠道进行发酵；

6）实时掌握节目中明星的动向，第一时间发现潜力代言人；

7）反馈自发话题、双微运营的效果，并通过关联内容的讨论渠道和话题为公关传播提供渠道和素材参考，制定行动计划。

借助大数据手段，可以对综艺市场趋势进行前瞻与预判。通过本竞品节目对标，提前预判资源的优质，同时还可识别黑马节目，进而发掘以小博大的机会。

同时可以挖掘节目相关舆情，提炼消费者对综艺节目关注点的变化。例如，通过跟踪 2017～2019 年综艺节目的提交词云变化，可以看出：综艺成员依然占据舆情核心，但身份有所变化，从"嘉宾"到"明星"再到"偶像"；综艺观看者的参与度持续提升,"粉丝"与"观众""网友"同样重要,形成"后盾";2019 年综艺风格新趋势为感性("爱心""暖心")、专业("技能")、跨界("新手")等。

2. 代言人、KOL、IP 效果追踪

在营销资源投放中,品牌商经常会重金邀请代言人、KOL、IP,那么这些动作到底为品牌带来了多少关注?对标竞品的代言效果如何?对标代言人代言的其他品牌效果如何?讲什么内容,到哪里讲,才能与粉丝站在一处、提升品牌形象与销量?这些都是亟待解决的问题。借助舆情大数据平台,就可以快速了解品牌代言人、KOL、IP 的代言效果,跟进其对代言品牌的影响,为互动优化提供策略。评测签约代言人、KOL、IP 对品牌资产的贡献,帮助业务部门及时了解代言效果,为续签提供参考。监测品牌与代言人、KOL、IP 关联的媒体渠道及内容,帮助品牌与其深入沟通、有效互动,提升公司代言权益效率。通过对标竞争对手,占得先机。

5.3.4　品牌资产建设

对于企业来说,不但要完成业务销量目标,还要占领消费者的心智,洞察品牌在消费者心中的资产价值。但大家普遍面临着诸多问题,比如:持续投入营销资源,品牌热度如何,是否力压竞品?什么话题是有效的?多资源花样联动,沉淀在消费者端品牌资产(消费者对品牌认知度等)有无助益?竞品在说什么?渠道分配如何?消费者发图表心意,如何顺势而为?

舆情大数据平台能借助互联网优势。我们需要更全面、快速、深入地了解目标人群对品牌的客观评估,同时通过对本品和竞品的全覆盖,在热点趋势、互动内容、用户画像等方面展开,可以进行周/天粒度的数据追踪,建立一个全面的精细化品牌资产追踪体系,以帮助品牌快速、健康发展。

线上品牌资产研究需要解决的业务点包括:对标跨品类竞品,借鉴优势品牌,为本品的营销策略提供支持;实时监测品牌网络声量、健康度等,为品牌管理出谋划策;监测品牌声量的渠道来源及热点话题,更精准地进行品牌推广;监测官方微博和微信互动平台,实时跟踪话题和活动的活跃度。

某品牌商借助冬奥会进行整合营销大数据应用,帮助品牌进行渠道分布的

分析，识别网友关注点，进而帮助品牌进行传播渠道及内容方向的策略选择。如图 5-21 所示。

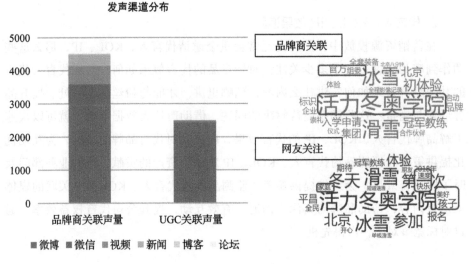

图 5-21　冬奥会品牌建设洞察

5.3.5　电商监测（销量和舆情）

电商是品牌商线上业务的重要阵地，特别是在 2020 年新冠肺炎疫情暴发后，消费者及购买渠道都被进一步引流到线上，问题随之而来：如何监控各电商平台内的品牌、产品及服务评价？如何进行电商产品优化？如何与电商平台深度沟通与合作？诸如此类。要想解决这些问题，做到多、快、好、省，必须有一整套方法论及数字化产品支撑。

另外，电商销售数据、消费者评价数据是很有挖掘价值的信息，可以赋能基于销量的爆品发现、品类机会、新品研发、产品体验优化、消费者购物体验等诸多业务应用场景，以消费者为核心，提升品牌占位和产品品质。

某品牌商搭建的舆情大数据电商监测平台，支持对天猫、京东等主流电商平台数据源的覆盖，从中提炼品牌评论量、评论内容词云图、热门话题等，发现消费者购物体验的关注点，如产品质量、选品、服务、支付流程、促销、体验、库存、价值等，为品牌建设研究、提升产品到消费者手中"最后一环"的服务体验提供数字化支持，如图 5-22 所示。

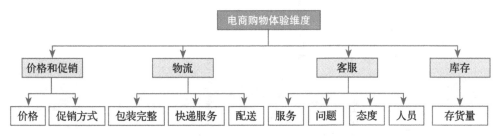

图 5-22　消费者电商购物体验维度支持

5.3.6　渠道重点客户画像

好的渠道大家都想与其合作，而如何精耕线上和线下渠道，如何追踪市场热点，如何洞察不同渠道的特点表现、品类购买差异和购物者特征，消费者选择不同渠道的驱动因素是什么，等等，这些问题都需要有准确的策略支持。舆情大数据平台通过对各类数据源的监测，捕捉消费者对零售商的评价、舆情趋势，为重点零售商开展品类管理及深度合作提供支持。该类数字化产品可通过对不同渠道、零售商的交叉分析，洞察渠道及零售商间的差异，为零售商策略制定、品类管理及客情维护提供支持；同时还可以辅助业务方了解消费者对零售商店内硬件设施、服务、商品等的评价，明确各零售商间的差异，为目标零售商服务和管理提升提供信息支持及优化方案，最终建立一套零售商 KPI 的客观评价体系。如图 5-23 所示。

5.4　舆情大数据精准营销商业价值

综合以上内容可以看出，舆情大数据平台在高可用的大数据技术的加持下，已经辐射到越来越多的商业应用场景。运用舆情大数据手段，可以做到以下几点：构建多方数据资产的数字化产品，深入了解消费者在人、介、场、货方面的洞察，支持精准化营销战略；快速、高效地制定各类高价值商业策略，有力支持企业各业务部门在品牌、产品、媒介、渠道等方面的数字化决策；通过对项目需求的高效整合和管理，缩减项目投入，大幅提升 ROI 水平。

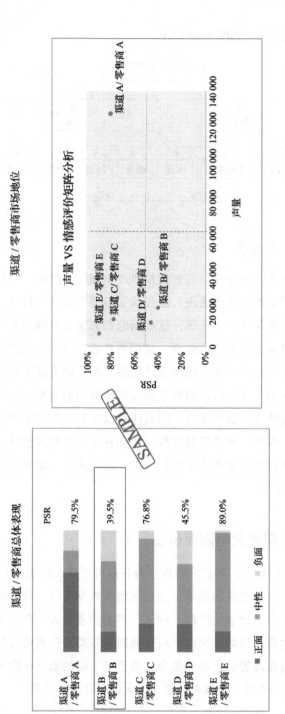

图 5-23　不同渠道 / 零售商的总体 KPI 评价

舆情大数据精准营销商业价值总结如下。

❏ 高频刚需业务决策：更全面、快速地评估媒介投放效果，特别是舆情大数据可支持对每一个大项目资源在节目舆情、品牌关联、渠道与话题、节目人群、嘉宾热度方面进行全面解读，成为企业一线跟进大项目资源的有力手段。

❏ 重点营销资源投放精细化管理：精细化管理品牌代言人，助力企业对签约代言人的代言效果进行跟踪与评估，为代言人续约评价、新增代言人的类比评估提供决策支持，实现对优质代言人的甄选与评估。

❏ 数字化品牌建设：支持企业品牌管理与建设，采用大数据平台的深入挖掘方法，建立一个全面、精细的数字化品牌资产追踪体系，助力品牌快速、健康发展。

❏ 回归产品力本身，赋能产品创新研究：快速、高效地支持新产品研究，通过消费者人群洞察、品类认知、使用习惯及需求分析，为业务部门明确新品方向和优化产品提供支持。

❏ 战略输出重要来源：战略支持渠道客户洞察，定期监测购物者的相关内容，充分提供渠道画像、客户资源识别、购物者洞察，为公司在各渠道客户的业绩增长提供有力支撑。

❏ 电商渠道打法引领：智能管理，助力电商运营，实时监测线上渠道各品牌及竞品的表现，覆盖消费者对于电商服务、产品体验及购物的声音，支持对线上生意快速反应，及时调整策略，为业绩增长提供精准的数据支持。

❏ 业务整合，商业决策智能提取：多业务类型整合覆盖，平台将支持的各业务进行融合打通，支持品牌管理、产品研究、渠道管理、媒介投放等多种业务类型。

最后，作为产品经理，在每次将数据产品孵化、上线后，我们都可以结合不同的业务场景进行总结和梳理。你会发现，将数据变现和为业务赋能是有规律可循的。笔者将这个变现过程总结为：形成业务闭环，加快数据流动（见图 5-24）。

无论是舆情大数据平台还是其他数字化产品，都是将传统工作流程 / 业务流程进行平台系统化，先完成半自动化支持，随着数据断点的完善，经过业务周期探索，再逐步由人工介入最终完成向 "数据世界 + 人工智能" 的完全自动化演进。

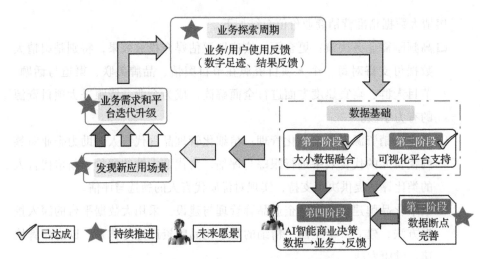

图 5-24 数字化产品通用演进模型

## 第 6 章

利用社会化聆听辅助商业决策

文 / 高长宽

当下，社会化媒体数据挖掘领域有一个发展趋势，即市场需求逐渐由追求数据规模、浅层描述统计的舆情分析转向追求数据质量、深度挖掘信息价值的情报分析。

对于当下的舆情监测系统来说，抓取数据、清洗数据都不算什么难题了，难就难在从已得到的数据中获得商业洞察，再用这些商业洞察指导实践，而不只是进行各类简单的数据统计。

作为大数据最早的场景之一，舆情分析已经发展了 20 余年，其核心技术及分析框架还未发生质的改变。传统的舆情分析主要存在以下 3 个弊端。

（1）信息噪声较多

传统的舆情产品一般基于关键词匹配信息，但基于细粒度的词难以捕捉到检索意图，会产生大量的干扰信息。如要搜索"张震"，出来的结果会有讲鬼故事的播音员张震、配音演员张震、某某大学的教授张震等，很多信息是无关的。正所谓"垃圾进，垃圾出"，数据源头的质量不好，直接影响后续的挖掘分析，使得各种看起来很高端的词云、文本聚类成为"花架子"。

（2）分析精度较低

传统的舆情产品一般重在对数据的获取，追求所谓的"全量数据"，造成了上述所提及的噪声较多的情况，且限于技术路径依赖及成本的考量，采用的分析方法较为传统，主要是基于规则（如关键词）来筛选数据，造成了查全率和查准率双低的情况，进而导致后续分析结果的可信度大大降低。

（3）挖掘深度不够

传统的舆情产品对数据的分析一般是基于统计性描述，比如关键词云、声量走势、信源占比等，大都是宏观层面的趋势分析，并未深钻下去与业务结合，难以得到能指导商业实践的分析结果。

鉴于上述 3 个传统舆情分析的弊端，笔者引出了对社会化媒体进行商业洞察的重要手段——社会化聆听（Social Listening）。

本章将首先介绍社会化聆听的概念、商业价值及操作方法，然后以一个汽车行业的业务场景为例，讲述如何使用社会化聆听对社会化媒体大数据进行分析。虽然"隔行如隔山"，但"隔行不隔理"，其他领域的读者也可以借鉴这种分析思路和方法，来达成自己在产品设计和运营、市场调研中的目标。

6.1 社会化聆听的定义与商业价值

本节先介绍社会化聆听的概念，然后通过它能支撑的典型业务场景来阐明社会化聆听的 8 个商业价值。

6.1.1 社会化聆听的定义

在社交网络年代，我们的每一条发布、每一个评论、每一次转发、每一次点赞都反映了我们的习惯和喜好。通过社会化媒体倾听目标消费者的需求和意见已经成为品牌运营者的必修之技。企业通过捕捉网络上与品牌、产品、营销事件相关的关键词，来监测消费者对品牌、产品、营销事件的态度和反应，这种手段被称作社会化聆听。

更进一步讲，社会化聆听是指利用各种技术手段（信息采集、数据分析与挖掘等）倾听目标消费者和潜在消费者在社会化媒体上主动"晒出"的内容以及各种行为（阅读、点赞、收藏等），进而挖掘出有商业价值的洞察。

在实践中，社会化聆听的意思是在社会化媒体（社交网络、论坛和博客等）上捕捉提及品牌的内容、有趣的品牌话题、有关竞争对手的话题以及其他对品牌有意义的话题。

6.1.2　社会化聆听的商业价值

社会化聆听的数据源于社会化媒体，这些数据带有语义和关系（社交关系，如关注、传播链条等）双重属性，我们能从中发现个体不经意间流露的真实行迹，因此社会化媒体的样本对象不是个体，而是行为本身。

本质上，社会化聆听调研是在一个开放式的命题下，得出更加宏观的趋势分析，更加能洞察到趋于感性行为的辨析，它主要的工作会是数据处理和对非结构化数据的分析。

那么，社会化聆听具有哪些商业价值？能在哪些方面帮助品牌和公司呢？Broadsuite Media Group 的首席执行官 Daniel Newman 在"Social Listening Enables Social Business"一文中将这些问题的答案总结为 6 方面：市场概览、竞品分析、消费者情绪识别、售前支持、购买信号、客户服务与关系维系。而笔者以为，还可以再加上以下两方面。

- ❑ 发掘意见领袖。这类意见领袖能够在企业的营销事件中发挥极强的传播力，能在大范围内影响其他消费者的购买意向和购买行为。
- ❑ 用户画像。捕捉那些谈论品牌、产品、营销事件的用户的相关信息。

图 6-1 总结了社会化聆听能够帮助企业改善运营的 8 方面，即 8 个商业价值。

图 6-1　社会化聆听能够在 8 方面帮助企业改善运营

下面讨论社会化聆听是如何帮助企业实现其目标的。

1. 市场概览

通过社会化聆听，品牌更容易获取对其新产品和服务的目标市场的洞察，了解各个主要竞争对手的市场影响力概况。这里举一个汽车行业的例子（见图 6-2），通过了解几款豪华车型在全网的正负面声量分布情况，即可锚定市场上的主要竞争对手，发现市场上的薄弱环节，抓住稍纵即逝的机会。

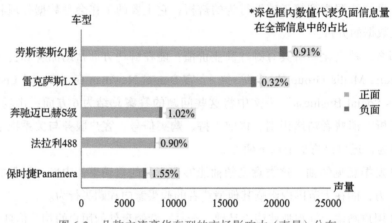

图 6-2　几款主流豪华车型的市场影响力（声量）分布

比如，汽车制造商在考虑开发一款新车时，可以通过聆听多个平台（新浪微博、汽车之家、易车网等）上的 UGC（用户生成内容），了解竞争厂商已上市的类似车型的购买者对这些车的吐槽和希望它们拥有的新功能，以作为打造新车的有力参考。

2. 竞品分析

在现今日益开放的互联网时代，商业情报对企业愈发重要，同时也变得唾手可得。社会化聆听可以帮助你清晰地洞察到你的竞争对手是谁，他们在做什么。

想象一下，你在发布新车前就知道消费者愿意为之支付多少钱，知道他们想从你这里获得哪些你的竞争对手提供不了的新功能和服务。社会化聆听就像一位无孔不入的专属侦探，可以帮助企业轻而易举地获取关于目标消费市场的几乎所有信息。

3. 消费者情感识别

企业一般都希望能快速洞察到消费者对自身产品和品牌是否满意，对哪些地方感到满意，对哪些地方多有吐槽，而社会化聆听正好为消费者提供了分享他们对品牌的情感的平台。

比如，许多汽车品牌的各种车系都在第三方垂直网站（如汽车之家、爱卡汽车、新浪汽车和搜狐汽车等）上建立了相关论坛，以鼓励消费者谈论、分享他们的想法。通过这些社区里的信息，汽车品牌方可以了解消费者对某款车型的整体满意度如何（见图 6-3）以及具体的吐槽点，以便为后续制造设计和售后服务做参考。

序号	评论	情感极性标签
1	没啥不满意的，可能太过低调了，哈哈哈	中性
2	配置是真的低，电耳、座椅加热、无钥匙进入都没有	负面
3	音响太差，这还是花了大几万选配的 BO 音响，声音太闷。	负面
4	起步时有轻微抖动；不是大长腿，上车有点费劲	负面
5	内饰太简单	负面
6	后刹车，前六后一，前六后一，前六后一，一台 200 万的车	负面
7	排气！暂时还是原装，运动模式下稍微大一点。还有就是大灯了，这么贵的车，不选装还是	负面
8	操控还没有 M3 好	负面
9	声浪	中性
……	……	……

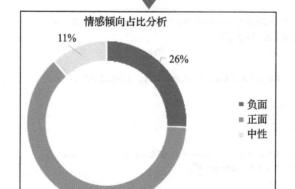

图 6-3 某款车型在社会化媒体上的情感分析结果

4. 售前支持

在考虑买比较复杂的东西时，消费者一般会立刻向社会化媒体求助。这时，影响力便会发挥巨大的作用，而社会化聆听也有着不可思议的效果。

还是以汽车行业的营销为例。可以想见这样一个场景：某个潜在买家在汽车之家上某款车型的某个论坛上发帖讨论该车型的各种利弊。如果你采用了社会化聆听，也许就可以利用这样的机会，将这个潜在客户介绍给你们的销售顾问。如此这般，你便有了一个从社会化媒体上转化而来的买家。

5. 购买信号

一个大家都急于寻找的商业洞见是：人们购买产品的终极信号到底是什么，是什么决定了一个客户是被转化还是流失。

社会化聆听的相关工具能让企业"监听"到这些购买信号，并判断一个真正的买家到底在寻找什么。信号也许是潜在用户在微博或汽车论坛上最后点赞或分享的一段内容，那么，如何精准地从这些用户的行为中发掘出有价值的购买信号呢？

社会化聆听使之成为可能。

图 6-4 是一些用户在微博上讨论购置衣物的话题，从互动内容中我们可以基于需求的差异甄别出很多不同类型的用户，后续可以采取不同的跟进策略。

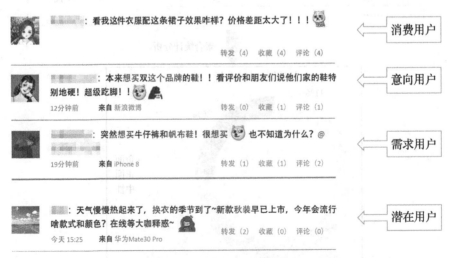

图 6-4　在微博上能识别出各类潜在的购买信号

6. 发掘意见领袖

美国知名营销网站 sproutsocial.com 在 2015 年做过一份针对美国民众的调查，得出如下两条重要的结论：

❑ 74% 的消费者依赖社会化媒体来做出购买决策；

❑ 90% 的消费者信赖同侪的推荐，仅有 33% 的人相信广告。

Malcolm Gladwell 在《引爆点》一书中提出联系人、内行和推销员这三种人际网络中的重要角色，这些人其实就扮演了意见领袖的角色，在传播过程中会发挥传播枢纽节点的重要作用，能够促进品牌宣传和影响其他人的购买意向。

既然其他人的意见如此有价值，对于企业来说，如果能和那些在社群中拥有影响力的人或者"时髦制造者"建立紧密的联系，进而利用他们强大的号召力，将会在品牌营销中事半功倍，花费很小的精力就能得到较大的收益。

通过社会化聆听，我们可以基于用户的社交数据（评论内容、点赞数、收藏数、粉丝数、转发数等）和机器学习手段（训练分类模型识别僵尸用户、水军），从海量的社交网络用户群体中甄别出具有广泛影响力的意见领袖。

7. 用户画像

用户画像是海量真实用户的典型代表，是建立在一系列真实数据之上的目标用户模型。用户画像可以让产品设计者和品牌营销者在产品设计、营销宣传的过程中抛开个人喜好和偏见，聚焦于目标用户的动机和行为，进行产品设计并制定营销策略。

社会化聆听可以快速锁定那些在社会化媒体上讨论品牌、产品、营销事件的用户，获取这部分最活跃且最具价值用户的画像信息，从而为产品设计者和品牌营销者提供参考。

8. 客户服务与关系维系

在互联网时代到来之前，追踪用户的抱怨和吐槽是一件极具挑战性的事情。而在互联网时代，应运而生的社会化聆听让企业能够倾听和监测用户关于产品的反馈和诉苦，以尽早发现产品的各类潜在问题，同时快速响应消费者的需求。我们知道，获取一个新客户的成本是维持一个老客户的 6 倍。社会化聆听能够提供一个稳定的平台，让品牌能够主动与消费者连接和对话，帮助消费者解决问题，从而留住他们。

在这里，举几个汽车行业之外的案例——消费者品牌 Comcast（美国有线电视、宽带网络及电话服务供应商）、Zappos（美国在线鞋类和服装零售商）和 Bluehost（美国网络托管网站）。它们都拥有自己的团队，能够与消费者进行高频且深入的互动，管理并监测他们的行为与路径。运用社会化聆听的方式来维系客户关系，在其他服务行业（如机场和酒店）也快速成为一个发展趋势：它们希望打造一个强有力的、愿意传播并分享品牌口碑的品牌社群。

6.2 如何进行社会化聆听

社会化聆听是一个目标导向型的操作流程，也就是说，在正式开展工作前，我们首先要明确当下最需要解决的问题（当然能够通过社会化媒体数据挖掘实现），确定业务目标，由此选择监测和分析的数据源（监测全网还是重点监测垂直网站）。接着，结合业务目标和数据，根据资金投入来选择最合适的社会化聆听工具。最后，结合业务知识对分析和挖掘的结果进行科学分析与研判，将其转化为可辅助决策的商业情报。

社会化聆听大体上可分为 4 个步骤，下面来一一介绍。

6.2.1 确定业务目标

限于成本或者业务范围，对于 6.1.2 节中介绍的 8 方面，企业很多时候只选择其中的一部分来做。因此，在开展社会化聆听工作之前，我们先要明确业务目标，然后据此设定可执行的策略。

在这里，我们要问自己几个问题：

❑ 我们想要聆听产品、服务、品牌的哪些方面（怎么制定业务分类指标体系等）？

❑ 聆听的渠道有哪些（全渠道还是特定的垂直社区或论坛等）？

❑ 数据处理和分析的手段有哪些（描述属性统计分析、文本挖掘、预测模型等）？

❑ 聆听的结果能用在何处？能发挥什么样的作用（业务价值如何定义）？

比如，车企 A 现阶段想通过社会化聆听实现的 3 个目标及其相应策略如下。

业务目标一：节省广告投放成本

一般来说，行业内知名 KOL（Key Opinion Leader，关键意见领袖）的广告投放费用比较高，而且效果不可控，因此可以通过发掘主流社会化媒体上的 KOC（Key Opinion Consumer，关键意见消费者）来实现降本增效。KOC 一般指能影响自己的朋友、粉丝产生消费行为的消费者。KOC 自己就是消费者，分享的内容多为亲身体验，他们的短视频更受信任，他们距离消费者更近，更加注重与粉丝互动，因而与粉丝之间形成了更强的信任关系。因为互动所以热烈，这样带来的结果是显而易见的，可以实现曝光（公域流量）的高转化（私域流量）。

可以通过监测指定论坛或者微博上的 UGC 信息，综合用户画像数据（兴趣标签、粉丝数、关注数等）及互动数据（阅读、点赞、评论等）来确定优质的 KOC。

业务目标二：发现新的市场机会

通过挖掘知名汽车社区上某些用户对竞争对手的同类车型的吐槽（具体反映在用户对竞品车型的负面评论中），发现新的产品发力点。

业务目标三：追踪汽车行业的技术新动态

通过追踪和挖掘知名汽车网站（如汽车之家、autoblog 等）上的文章和动态，或者谷歌专利搜索（前沿科技在正式投入市场前会申请知识产权保护）上的专利信息，得到宏观和微观层面的情报信息，从而预判趋势，做出正确决策。

6.2.2　确定数据来源

结合前面的业务目标，我们可以圈定一些质量较高的数据源，不必面面俱到。

互联网流量遵循幂次法则，即 80% 的用户（注意力）集中在 20% 的网站上，大量的 UGC 也集中在这小部分网站上，对于行业垂直社区而言更是如此。所以，笔者在做社会化聆听的时候特别关注行业头部的垂直媒体 / 平台，这些媒体 / 平台较为专业，拥有最多的、精准的目标用户群。分析上面的 UGC 能发掘出用户对产品的反馈和痛点，甚至可以由内容反推出目标人群画像，可谓是玩法多多。

以下是笔者梳理的若干有影响力的行业（移动）垂直社区，其中的 UGC 是社会化聆听的重要分析信源。

- 旅游类：携程网、驴妈妈、马蜂窝、猫途鹰
- 汽车类：汽车之家、爱卡汽车
- 互联网技能类：人人都是产品经理、PMCAFF、运营派
- 互联网资讯类：虎嗅、36氪、钛媒体
- 医疗美容类：新氧网、悦美网、更美网
- 摄影类：蜂鸟网
- 女性类：辣妈帮、她社区、美柚
- 母婴类：宝宝树、宝宝知道、妈妈帮
- 财经类：雪球、财新网
- 在线音乐类：虾米、网易云音乐
- 音频分享类：喜马拉雅、蜻蜓FM
- 点评类：大众点评、美团

除此之外，淘宝、京东、考拉海购等电商平台也纷纷开通了内容频道，针对不同的商品品类和人群打造内容生态，吸聚拥有特定需求的人群，这些都是极具分析价值的社会化聆听信源。

6.2.3　选择合适的工具

市面上可以进行社会化聆听的工具有百度指数、微信指数、微指数、达观数据的客户意见洞察平台等，其中既有免费的、可做基础分析的关键词热度查询工具，也有收费的、可做商业级分析的社会化聆听工具。

当然，如果市面上的工具不能满足需求，且使用者拥有一定的编程技术，可以通过编写程序来实现个性化的数据采集、数据分析及可视化。使用的编程语言包括但不限于Java、Python及JavaScript等。

选好工具之后，通过设置特定的关键词、关键语句或品牌名称来追踪全网或特定垂直网站的媒体报道和用户评论，发现新的机会或者据此创作听众感兴趣的内容。

6.2.4　将分析结果转化为有价值的商业情报

经过前面两个流程之后，就可以使用具体的社会化聆听工具进行自动化操

144

作，从而得出详尽的结果。然而，值得注意的是，得出的结果并不能直接使用，形成报告，还需要结合所在行业的具体业务知识进行去粗取精，去伪存真，过滤掉无效、无关信息，以及在专业知识的指导下对结果进行解读。

本质上，社会化聆听是一个将原始数据转化为有价值的商业情报的过程。在此过程中，数据加工、信息分析和业务知识起到了提炼、萃取的作用（见图 6-5）。

❑ 数据加工：运用领域知识将相关的数据整合起来并格式化、规范化，处理方式有数据清洗、数据去重、信息检索、NLP（分类、摘要、聚类、情感分析等）等。

❑ 信息分析：采用领域知识对信息进行分析，使其变为针对特定业务问题的商业情报，处理方式包括信息甄别、相关性判断、计量分析等。

❑ 业务知识：某个行业或领域的专有知识，如汽车的产业链构成、定价策略等。

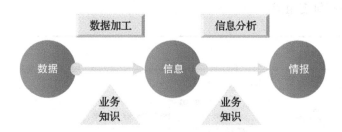

图 6-5　业务知识在数据转化为情报的过程中扮演着重要的角色

数据加工和信息分析可以通过工具来实现，但业务知识的积累难度较大，需要操作者自行学习和掌握。只有掌握了大量有效的业务知识，才能将社会化聆听的分析结果转化为有价值的商业情报，从而辅助内容运营者、营销人员和产品设计人员做出高质量的决策。

下面，笔者将通过一个汽车行业的案例来详细讲述社会化聆听的 4 个步骤。

6.3　案例：凯迪拉克的口碑数据挖掘

在这一节，笔者想通过一个完整的社会化聆听案例达到两个目的：

❑ 通过"一条龙"式的全流程分析（为了让读者清晰地了解社会化聆听的方法和技巧，这里采用的是编程的手段，而不是直接使用工具），使读者能了解社会化聆听的大致实施过程；

❑ 通过案例的讲解使读者能够掌握一些实用的社会化聆听分析方法。

6.3.1 数据获取

该案例的主要数据来源于汽车之家[⊖]。汽车之家成立于 2005 年 6 月，为汽车消费者提供选车、买车、用车、换车等环节的全面、准确、快捷的一站式服务，是基于汽车专业内容的垂直社区，是全球访问量最大的汽车网站。它集中了大量优质的 UGC，我们可以在上面聆听到用户关于汽车及其品牌的声音。

在这里，笔者获取的是汽车之家口碑频道的数据，是消费者买车后的评论。该频道提供的数据维度丰富，包括汽车各方面的评分及其文字评论、晒图，以及各帖子的互动数据等。

图 6-6 是一条口碑评论的截图，可以看到一条口碑评论由许多结构化和半结构化的数据维度组成。

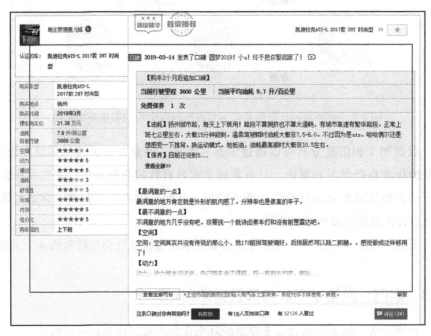

图 6-6　汽车之家口碑评论截图

⊖　数据来源：汽车之家口碑频道，2016-05 ～ 2018-12。

　　笔者这里采集数据用的工具是 Scrapy。Scrapy 是一个用 Python 编写的 Web 抓取框架，用于抓取 Web 站点并从页面中提取结构化的数据。获取的数据已对用户和帖子详情信息做了处理，不涉及用户隐私，且本分析不作商业用途，仅供学习探讨。

　　获取的口碑评论有 30 多万条，其中凯迪拉克下的评论有 12 900 条，存储在 SQL Server 或 MongoDB 中。

6.3.2　分析目的

　　以下是分析挖掘的重点内容，主要集中在凯迪拉克的产品反馈和品牌调性方面：

- ❏ 了解消费者的购车目的，从用途、使用场景角度进行分析；
- ❏ 了解消费者关注汽车的哪些方面，从宏观上把握消费者在购车方面关注的话题；
- ❏ 通过挖掘消费者的负面评价，发现汽车待改进的方面；
- ❏ 了解消费者关注的购车因素，比如消费者比较关注哪些汽车功能或器件；
- ❏ 分析品牌及其竞品的人群兴趣偏好，为内容运营提供参考；
- ❏ 分析消费者眼中的品牌调性，并比较其与事先设定的品牌调性有何差异。

6.3.3　数据特征及分类

　　现在，根据分析目的对所获取数据的字段进行分类和挑拣，选择部分可用于分析的数据。

- ❏ 评级类数据
  - ■ comfortableness_score（舒适性评分）
  - ■ internal_score（内饰得分）
  - ■ maneuverability_score（操控性得分）
  - ■ oil_score（油耗评分）
  - ■ power_score（动力评分）
  - ■ appearance_score（外观评分）
  - ■ costefficient_score（性价比评分）
  - ■ space_score（空间评分）

- satisfaction（满意度）
□ 半结构化数据
- purpose（购车目的 / 用途）
- bought_address（购买地址）
- brand_name（品牌名称）
- bought_date（购买日期）
- bought_price（购买价格）
- carowner_level（车主等级）
- prov_name（省份名称）
- city_name（城市名称）
- comment_count（评论数）
- helpful_count（有用数）
- visit_count（浏览量）
- product_name（产品名称）
- pub_date（发布日期）
□ 文本类数据
- appearance_feeling（外观感受）
- comfortableness_feeling（舒适性感受）
- costefficient_feeling（性价比感受）
- maneuverability_feeling（操控性感受）
- internal_feeling（内饰感受）
- power_feeling（动力感受）
- oil_feeling（油耗感受）
- space_feeling（空间感受）
- car_defect（车辆缺陷）
- car_merit（车辆优点）
- review_summary（评论总结）
- bought_reason（购买原因）

本节分析所用的数据主要是文本类数据和小部分半结构化数据，所用的工具主要是 Python。

6.3.4　消费者购车目的分析

在购车目的分析中，笔者选取了宝马、捷豹、奔驰、凯迪拉克和路虎这 5 个汽车品牌作为分析对象，想要弄清楚消费者驾驶这 5 个品牌的汽车的场景有什么不同。这也是汽车厂商较为关注的问题：自己的产品定位与消费者心智中的定位是否一致，宣传策略是否需要强化或者调整。

在口碑频道的评论中有个"购车目的"字段，这是一个半结构化的选项，评论者可以选填自己所购买汽车的应用场景。官方提供了 10 个候选项：

❑ 购物
❑ 接送小孩
❑ 拉货
❑ 跑长途
❑ 约会
❑ 赛车
❑ 商务接送
❑ 上下班
❑ 越野
❑ 自驾游

消费者可以同时填写多个"购车目的"标签。因此，在正式分析之前，需要对该标签数据进行拆分，要将出现多个标签的行拆解成多行，对结果进行透视表统计，最后整理成交叉列联表（见图 6-7）。

购车目的	宝马	捷豹	奔驰	凯迪拉克	路虎
购物	12.64%	10.12%	11.31%	14.62%	3.13%
接送小孩	11.79%	10.12%	12.20%	13.28%	10.84%
拉货	2.29%	4.76%	2.88%	0.78%	1.20%
跑长途	5.66%	4.17%	5.99%	7.01%	9.04%
约会	3.49%	5.95%	25.10%	3.26%	1.20%
赛车	3.25%	2.98%	2.88%	1.75%	0.30%
商务接送	4.33%	8.33%	4.66%	4.95%	4.52%
上下班	36.46%	34.52%	16.36%	31.72%	28.61%
越野	0.36%	1.79%	0.22%	0.76%	15.54%
自驾游	19.74%	17.26%	18.40%	21.84%	25.60%

图 6-7　五个汽车竞品的购车用途交叉列联表

从图 6-7 中我们可以看到，宝马、捷豹、凯迪拉克和路虎这 4 个汽车品牌的主要购车目的是"上下班"，而奔驰的主要购车目的集中在"约会"上。

然而，上面的交叉列联表并没有完全挖掘出多元关联数据中的价值，此时该对应分析出马了！

根据百度百科，对应分析又称关联分析、R-Q 因子分析，是一种新近发展起来的多元统计分析技术，通过分析由定性变量组成的交叉列联表，揭示出两组变量之间和内部的相对关系。它可以将几组看不到任何联系的数据用直观的平面坐标图呈现出来。

举例来说，假设一家公司想了解消费者对不同品牌的饮品有哪些属性（饮料口感、外观设计、价格等）上的联想（品牌认知）。对应分析可以帮助衡量品牌之间的相似性，以及品牌与不同属性之间的关系强度。了解了这些相对关系，该公司就可以准确指出之前的营销活动（比如请了某位在年轻群体中有广泛影响力的形象代言人，想塑造成青春、活力的品牌印象）对不同品牌相关属性的影响，并决定下一步要采取的措施。

对应分析的基本思想是用点分布的形式来表示列式表的行和列的比例结构，在低维空间中以点坐标的形式表现出来。其最大的特点是能够将大量实例（本例中为汽车品牌）和大量变量（本例中为购买目的）直观地表示在同一幅图上，并以简单、直观的方式表示大类实例及其属性。此外，它省去了因子选择、因子轴旋转等复杂的数学运算和中间过程，可以从因子载荷图中直观地对样本进行分类，并能表示出分类的主要参数（主因子）和分类的依据，是一种直观、简单、方便的多元统计方法。

得到对应分析二维坐标图以后，要想做出正确的解读，还需要使用点"小手段"：先从坐标轴中心向任意汽车品牌连线（具有方向，是一条射线），指向汽车品牌的方向为正方向；然后将所有的使用场景往这条连线及其正、反延长线作垂线，（使用场景的）垂点越靠近该连线及其延长线的正方向，就代表该使用场景对于该汽车品牌而言更常见。

图 6-8 是将图 6-7 中的数据映射到二维坐标系的可视化呈现。

通过转换后的可视化结果能发现一些有趣的事实：

❏ 捷豹、凯迪拉克和宝马在使用场景（购车目的为购物、上下班、商务接送、接送小孩等）上几乎是重叠的，彼此是竞争对手；

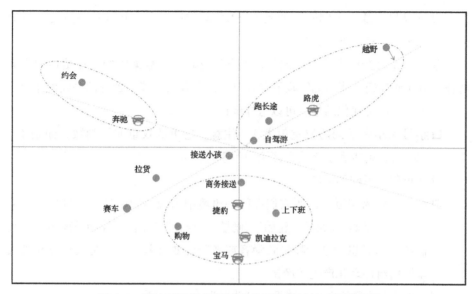

图 6-8　反映不同汽车品牌购车用途差异的对应分析图

- □ 奔驰最突出的使用场景是约会（射线正方向上离得最近），其他使用场景
  并不突出（在射线负方向上）；
- □ 路虎的越野特性是最突出的，跑长途和自驾游的特性也较突出。

由分析的结果可知，凯迪拉克的使用场景比较广泛。当然原因也有可能在
于笔者分析的是品牌而不是具体的车系和车型，分析的粒度较粗，在真实的分
析场景中，需要明确具体的车系和车型。

6.3.5　了解消费者关注的典型话题

这里，笔者将凯迪拉克口碑数据的两个字段——car_defect（车辆缺陷）和
car_merit（车辆优点）整合到一起，对评论内容进行一个"鸟瞰式"的分析，迅
速识别出汽车消费者较为关注的话题。

此处的分析基于 HDBSCAN（Hierarchical Density-Based Spatial Clustering
of Applications with Noise）实 现。相 较 于 K-means、Spectral Clustering、
Agglomerative Clustering、DBSCAN 等传统聚类算法，它有三大特性：

- □ 不需要设定聚类数，能利用算法自动算出簇群数；
- □ 可以较好地处理数据中的噪声；

❑ 可以找到基于不同密度的簇（与 DBSCAN 不同），并且对参数的选择更加健壮（模型更加健壮）。

基于自动聚类形成的关键词云，能自然反映评论数据中的潜在结构和语义特征，由此能准确且清晰地知晓消费者对于汽车及其功能、器件的关注侧重点。

对于生成的可视化结果，可以这样解读：

❑ 字号大小表示词的权重值大小（注意，这里的权重非词频数，而是 TF-IDF 值，更能表示该词在评论中的重要性）；

❑ 颜色代表不同的话题；

❑ 词之间距离越近，说明它们在同一语境中出现的频率越高，越具有语义相关性，比如"胎噪""轮胎""啃胎""噪音""隔音"等词距离很近，我们能迅速联想到是胎噪导致噪音或者隔音效果差，而不是汽车发动机或车厢内组件老化产生的摩擦。

图 6-9 是自动聚类出来的结果，自动聚为 12 个主题。

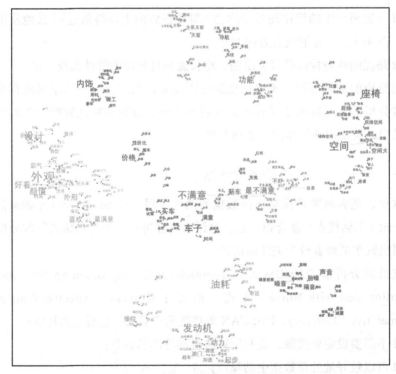

图 6-9　自动聚合的用户话题关键词云

为了将各主题的界限划分得更清晰，笔者为每个主题加了虚线框，如图 6-10 所示。

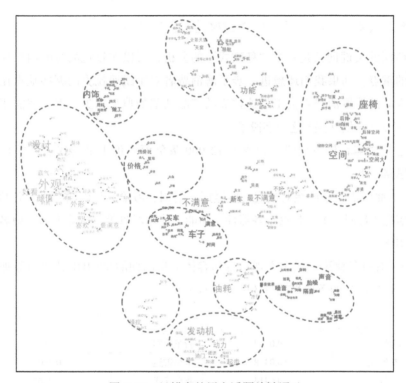

图 6-10　经锚定的用户话题关键词云

在图 6-10 中，较为突出的有 11 个主题，按重要程度（字号大小、主题词数）从中选出前 5 个，根据其中的关键词可以推测消费者的热门讨论内容，依次如下。

❑ 外观：汽车的整体设计，主要是外形，买车的消费者大都是"颜控"。

❑ 空间：后排空间、储物空间和后排座椅是大家比较关注的，另外，一家人出行的时候，空间问题就容易突显。

❑ 动力：发动机、汽车起步（油门、起步）、提速 / 加速问题是动力这一主题下消费者较为关心的方面。

❑ 配置：汽车配置这块，消费者对导航系统和内部显示屏较为关心。

❑ 内饰：内饰这块，消费者反映较多的是材质的塑料感。

汽车行业的从业人员根据关键词之间的关联性（距离的远近），会发现一些业务相关问题。

6.3.6 从消费者的负面评价中挖掘待改进的方面

前面的关键词云是一个"鸟瞰式"的分析，可以在较短的时间内抓住海量评论的重点。如果我们还想进一步了解消费者对于凯迪拉克的哪些缺点比较关注，也就是挖掘消费者关于凯迪拉克的产品缺陷的典型意见，那么就需要分析car_defect（车辆缺陷）这个字段了。

这里，笔者想找到凯迪拉克的 12 900 条负面评价中最具代表性的负面评价，思路如下。

1）抽取语句中的主观信息（形容词、副词、习语，反映消费者的评价）和客体信息（名词，主要是汽车各器件、功能、使用场景等，排除人名、地名、时间等实体）。

2）对每条评论中代表主观信息和客体信息的词的 TF-IDF 值进行累加，得到每个评论语句的重要性得分（见图 6-11）。

关键词云	TF-IDF 值（重要性程度）	关键词云	TF-IDF 值（重要性程度）
车大灯	0.0447	新车手刹	0.0308
新车油耗	0.0438	全车雷达	0.0307
倒车灯	0.0414	新车气味	0.0307
候车	0.0383	车油门把	0.0306
新车底盘	0.0352	车后视镜	0.0290
车内饰布局	0.0348	发动机噪声避震	0.0285
车配置	0.0343	车带导航	0.0283
后排空间	0.0339	车外观	0.0283
车内功能	0.0324	车优惠力度	0.0283
小车门板	0.0322	车子油耗	0.0282
新车味道	0.0319	车尾造型	0.0282
车底盘	0.0319	驻车脚刹	0.0281
新车车门	0.0313	车隔音	0.0279
新车异味	0.0312	车内光面	0.0274
倒车影像	0.0310	车四驱	0.0274

图 6-11 评论中的每个词都有一定的权重

3）对这些评论进行聚类，最终形成 10 个规模较大的簇群，规模较小的簇群被当作噪声处理，尽管它们具有一定的长尾价值。

4）在每个簇群中，找出重要性得分最高的语句，且限定在 100 字以内。如果字数太多，观点不明确，重点不突出，那么对后续浏览者的影响力就有限。

以下是按照上述思路挖掘出的前十条典型意见，代表了购买凯迪拉克的用户对于凯迪拉克车辆缺陷中的 10 个方面较为不满。

- 30 多万元的车标配的卤素大灯，没有前后雷达让人有点无语。
- 提速没有传说中的快。倒车后视镜显示太模糊。A 柱有点挡视线。
- 储物空间明显不够用，比起我家之前的小 6 子（马自达 6）小太多，特别是手机完全不知道怎么搞。
- 基本没有（缺陷），硬要找的话可能是有时会有点异响。
- 6AT 确实老了点，算是够用吧。
- 最不中意的就是排挡杆，巨丑。
- 暂时没有（缺陷），就是新车油耗有点高，漆有点薄，准备去做镀晶。
- 这条也不算是不满意吧，因为后轮驱动的原因，中间的隆起实在有点影响乘坐，后备箱也因为这个而不是很大，平时东西多的时候要把东西放在后座。
- 底盘确实硬了一点，舒适度差了一点。
- 感觉这款车的音响效果并不如想象中的好。

上面这些典型缺陷可以作为汽车厂商接下来改进产品的重要考量。

对于"30 多万元的车标配的卤素大灯，没有前后雷达让人有点无语"这个典型观点，利用基于 LSI 的相似语句检索，可以看到最相关的若干信息。我们通过图 6-12 看看在这个话题下用户具体的槽点和痛点有哪些。

6.3.7　挖掘影响消费者购车的重要因素

在这一节中，笔者将所有文本类字段合并，进行进一步的文本挖掘，看看是哪些因素诱发消费者购买凯迪拉克的。具体的做法是，先从每条语句中抽取 TF-IDF 最高的 15 个关键词，主要是汽车实体词（描述汽车零部件、特性、配置的词）、功能或者评价词（见图 6-13）。

相近评论	相关度
不满意的就属配置了，卤素大灯，没有前后雷达，没有大屏幕，也没有倒车影像	0.8600
大灯，我觉得这价位通用至少应该标配个氙气大灯吧，卤素灯太暗了，而且又掉档次	0.7905
30 多万元的车，卤素大灯最菜	0.7862
我买的是两驱豪华配置的，30 多万元的车了，大灯竟然还是卤素的，不知道设计师怎么想的，也差不了多少钱	0.7853
标配卤素大灯，脚刹特不习惯	0.7785
无力吐槽的大概就是大家都在吐槽的灯吧，买来一直觉得这个灯还不如之前我的那款蒙迪欧亮呢。以后准备换个亮一点的	0.7529
大灯，卤素的，还好有个透镜，但现在大街上哪还有卤素的大灯？有也是用在车道离或者变道辅助这种安全配置上	0.7521
作为 28 万多元的车，还是配的卤素大灯，这个我就难受了	0.7417
最不满意的一点可能就是 XT5 的车灯了吧，车灯居然是卤素大灯，看看同价位的车，至少是氙气大灯，再好点的就是 LED 灯	0.6772
18 万多元的车都开始用 LED 大灯了，XT5 作为豪华 SUV，竟然还是用的卤素大灯	0.6416
大灯，大灯，大灯，重要的事说三遍，这个级别竟然还用卤素灯，我真的无语了	0.5892

图 6-12　具体槽点 / 痛点语句的检索

```
0                    [前排座椅，车身，车子里，油耗]
1                    [配置，座椅，无钥匙进入，动力充沛]
2  [音响，车里，底盘升降，油门，天窗，前排座椅，腿部空间，头部空间，车身，座...
3    [座椅，不便宜，后排头部，腿部空间，发动机，后排腿部空间，后排头部空间，大油箱
4                           [发动机，座椅]
5                    [车里，豪华的内饰，后刹车，发动机]
6              [方向盘，踩下，油门，转速，后排座椅，高速稳]
7                   [车里，车内，噪声，杯架，油耗，音响]
8                              [油耗]
9        [座椅，发动机，后备箱，车头，前车，油耗，油跑，省油，方向盘]
10                               []
11      [配置，油耗，省油，车内空间，后备箱，车尾，远光灯，座椅，油耗显示]
12                               []
13              [车位，配置，给油，座椅，驾驶感，驾驶位，省油]
14                   [油耗，方向盘，踩油门，补油，音响]
15                   [后排空间，车身，后备箱，容积，油耗]
16                     [操控性，变道，内饰豪华，油耗]
17 [发动机，倒车影像，车头，前车，挡位，换挡，驾驶感，冷车，动力足，变道，...
18 [动力好，后排空间，发动机，车头，车灯，座椅，油耗，小排量，车内，方向盘，...
19              [发动机，马力，动力足，座椅，综合油耗，省油]
20                        [车尾，车身底盘，油耗]
21                            [马力，油耗]
22     [动力充沛，后排空间，后备箱，座椅，市区油耗，油耗较低，综合油耗]
```

图 6-13　提取评论语句中包含重要语义信息的词

然后按词语顺承关系（时间先后顺序，箭头指向方为向后提及）进行词语共现分析，取词频较高的若干词，形成图 6-14。

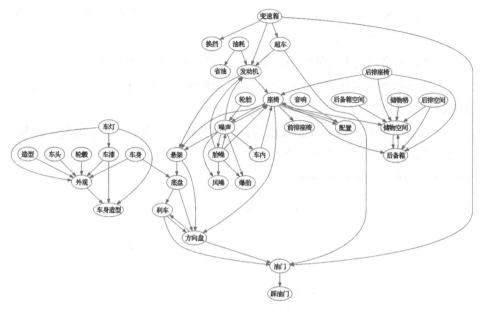

图 6-14 购车影响因素图谱

从图 6-14 中可以看到，外观、座椅、储物空间、发动机、方向盘、后备箱是凯迪拉克购买者较为关注的，至于是好的评价还是差的评价，现在还未可知。这些关键词节点的中介性核心性（Betweenness Centrality）较高。"中介性核心性"这个词的学术解释是：两个非邻接的成员间的相互作用依赖于网络中的其他成员，特别是位于两成员之间路径上的那些成员，它们对这两个非邻接成员的相互作用具有某种控制和制约作用。这些器件在评论中经常与其他汽车器件共同出现，说明这些器件是购车者较为关注的方面。如果想看到消费者关于这些器件的具体看法，可以采用上述 LSI 检索相关的语句，这里不赘述。

6.3.8 基于微博数据的消费者兴趣挖掘

了解消费者的兴趣爱好对于打造品牌调性、创作营销内容及选择投放渠道都有帮助，是产品市场调研和竞品分析中的重要事项。这里，笔者先根据所采集的新浪微博的汽车用户数据[⊖]，挖掘出汽车品牌对于人群的兴趣图谱，然后结

⊖ 新浪微博，兴趣标签中带有"凯迪拉克""宝马""奔驰""路虎"和"捷豹"的用户数据，时间区间为 2019 年 3 月～ 2019 年 6 月。

合使用与满足理论（Uses and Gratifications Theory）对结果进行解读，为内容创作和媒体投放提供思考方向。

对于消费者兴趣爱好的挖掘，笔者会用到新浪微博的消费者个性标签数据。该部分数据基于关键词命中，也就是说，采集到的标签数据仅针对提及目标汽车品牌的微博用户。

在这里，笔者采用的标签数据涉及 5 个品牌——凯迪拉克、宝马、奔驰、路虎和捷豹，时间跨度为近一个月。数据预处理方式与前面的一致，最终得到的对应分析图谱如图 6-15 所示。

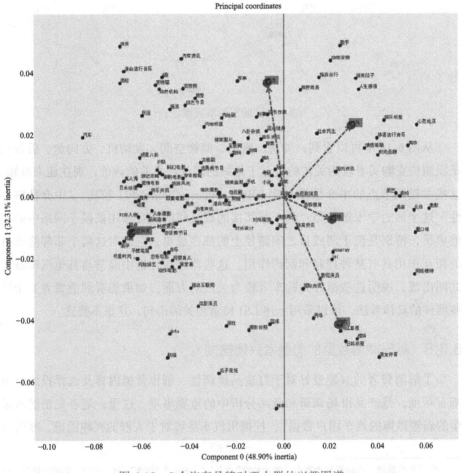

图 6-15　5 个汽车品牌对于人群的兴趣图谱

比照之前对应分析图谱的分析方法，我们可以得到与各个汽车品牌最为接近的微博消费者兴趣标签。

- 凯迪拉克：汽车、美甲、韩剧、内地综艺等
- 宝马：心灵鸡汤、歌手、娱乐明星、搞笑段子、人生感悟等
- 奔驰：美女帅哥、网络模特、模特、重口味、网红草根等
- 路虎：投资、汽车资讯、歌手、旅游出行、A股、军事等
- 捷豹：体育、美女帅哥、电子竞技、日韩明星、模特等

从图 6-15 中可以看到，这几个汽车品牌的关注人群的兴趣大体上都呈现娱乐化的特点，影视、明星方面的兴趣较多，这也与微博娱乐化的平台特性有关。

挖掘出汽车品牌所对应人群的兴趣爱好以后，可采用使用与满足理论对结果进行深度解读和应用。

使用与满足理论是一种以受众为中心的理论，侧重于对大众传播的理解。虽然其理论框架来自传统媒体且出现时间远远早于互联网和社会化媒体，但其理论假设使其完全适用于互联网和社会化媒体研究。该理论假设可以概括为：

- 在选择媒体和内容时，受众是积极的参与者，会根据个人目标选择媒体和阅读倾向；
- 媒体渠道彼此之间竞争，还与其他资源竞争，以获得受众的关注；
- 人们在选择媒体和内容时，是主动、自我清醒且受动机驱动的，这使他们能够清楚地表达选择媒体的原因。

基于这些假设，该理论认为受众会积极寻求满足，而满足的类型将推动他们选择社会化媒体及内容，因而媒体选择是目标导向和实用驱动的，也就是受众的需求要被所选择的社会化媒体满足。满足类型背后往往潜藏着更为个性化的内在需求，E.卡茨、M.格里维奇和 H.赫斯将其归纳为以下五大类。

- 认知需求：获得信息、知识和理解，如上知乎提问或浏览感兴趣的话题，上母婴论坛找育儿知识等。
- 情感需求：情绪的、愉悦的或美感体验，如上快手、抖音看直播。
- 个人整合需求：加强信心，稳固身份地位，如加入线上圈子，观察同类的言行，并通过这种方式获得身份认同。
- 社会整合需求：如利用即时通信软件与熟人、陌生人交流，发展或维护人际关系。

❑ 舒解压力需求：逃避或转移注意力，主要通过娱乐活动，包括各种真人秀节目、网络游戏等。

利用使用与满足理论对上述各汽车品牌的兴趣标签结果进行分析，大体上可以得出如下结果。

❑ 凯迪拉克：舒解压力需求

❑ 宝马：舒解压力需求、情感需求

❑ 奔驰：情感需求

❑ 路虎：个人整合需求

❑ 捷豹：舒解压力需求、情感需求

上述结果反映了各汽车品牌的用户在选择媒体时的内在需求，这些汽车品牌在内容制作和媒体选择时可以作为参考。比如，凯迪拉克可以选择满足舒解压力需求的内容频道或社会化媒体（如一条），内容制作上可采用游记类主题，音乐可以采用舒缓的轻音乐，图片则采用小清新风格的图片。

此外，从竞品分析的角度，对于对应分析图谱还可以作如下解读。

（1）向量的夹角大小

从向量夹角的角度看不同品牌之间的相似情况。在图 6-15 中，两个汽车品牌向量之间的夹角越小，代表这两个汽车品牌的消费者兴趣爱好相近，从而反推出品牌调性的趋同。这里可以看到，在微博上关注奔驰和捷豹的人群的兴趣爱好趋同，由此反推出二者的品牌调性较为接近。凯迪拉克和其他 4 个汽车品牌之间的品牌调性差异较大，个性较鲜明。

（2）距离坐标轴的远近

从统计学上来看，品牌越靠近坐标轴中心，说明越没有特征；越远离坐标轴中心，说明特征越明显。

从品牌角度来考虑，越远离中心的汽车品牌，消费者越容易识别，说明品牌特征（特点、特色）很明显；越靠近中心的品牌，消费者越不容易识别，说明品牌定位有问题，没有显著的特征可以识别，差异化还不够。从这一点来看，凯迪拉克和捷豹的品牌个性最鲜明，奔驰的品牌定位最模糊。

了解了品牌在潜在消费者心中的品牌形象以后，如果发现与预期接近，继续加强这方面的投入即可；如果发现偏离预期，就需要及时调整思路。在社会化媒体平台上发布能反映品牌调性的内容，引发关注人群的互动，长此以往，可以对塑造特定的品牌形象起到一定帮助。

6.3.9　基于评论内容的品牌调性挖掘

现今这个消费时代，消费者的消费模式逐步从实用主义消费过渡到象征性消费，从仅注重产品的功能和质量转变为更注重品牌与自身品位、气质的契合度。从这方面来讲，品牌逐渐成为消费者的自我延伸。[⊖]

与此同时，与早期产品和品牌宣传事实信息、功能化描述及产品诉求不同，强调品牌调性的情感式营销聚焦于产品、服务和品牌的人格化因素，展现品牌的人性化特征逐渐成为社会化媒体语境下强化传播和建立关系的主要手段，更为人性化的积极互动在社会化媒体体验中的重要性越来越突出。

如果品牌与追随它的消费者保持持续的人性化交流，那么相对于硬性推销方式，这种注重消费者关系维护的营销方式更能打动消费者，同时也能够鼓励消费者积极参与并长期追随。

为了创造消费者与品牌之间积极互动的条件，品牌必须不断采用拟人化的方式来进行营销传播，使品牌具有人的性格和气质，这就涉及品牌调性的话题了。

比较常规的做法是，品牌用拟人化的方式在社会化媒体上宣扬产品和服务的独特品质，这种方式可能是活泼的，也可能是清新的，抑或高贵的。总之，品牌会着力打造属于自己的品牌个性和风格，从而与消费者在情感上产生联结，催生出大量拥趸。

然而，品牌所创造的品牌调性是通过各类媒介及内容呈现的，其中的重要信息随着表现的形式或者传播层级的递增而消减，最终反馈到消费者脑海中的可能是另一番景象，可能会产生一定的品牌个性认知偏差。因此，品牌运营者需要经常性地进行消费者品牌调性印象调研，及时了解消费者对于品牌个性的认知情况，视理解偏差的程度进行调整或优化。

在本章中，为了测量消费者对于凯迪拉克的品牌调性的实际认知情况，笔者采用千家品牌实验室改良过的品牌个性模型。千家品牌实验室向忠宏近六年来对 20 个行业领域 1000 多个品牌进行持续监测与品牌个性分析，提取出一些中国本土化的品牌个性词。这些新增的品牌个性词对应的品牌人格通过合并到 3 个品牌层面，最终并入 Aaker 提出的品牌个性的 5 个维度中（见图 6-16）。

⊖　引自 TZ 橘子的简书文章《如何进行品牌形象定位分析？》。

品牌个性的五个维度	品牌个性的 18 个层面	品牌个性词
纯真	务实	务实，顾家，传统，……
	诚实	诚实，直率，真实，……
	健康	健康，原生态，……
	快乐	快乐，感性，友好，……
刺激	大胆	大胆，时尚，兴奋，……
	活泼	活力，酷，年轻，……
	想象	富有想象力，独特，……
	现代	追求最新，独立，当代，……
称职	可靠	可靠，勤奋，安全，……
	智能	智能，富有技术，团队协作，……
	成功	成功，领导，自信，……
	责任	责任，绿色，充满爱心，……
教养	高贵	高贵，魅力，漂亮，……
	迷人	迷人，女性，柔滑，……
	精致	精致，含蓄，南方，……
	平和	平和，有礼貌，天真，……
强壮	户外	户外，男性，北方，……
	强壮	强壮，粗犷，……

图 6-16　中国本土化品牌个性词对照表

数据来源：千家品牌实验室向忠宏。

下面是笔者进行品牌个性挖掘的实际步骤。

1）合并凯迪拉克口碑数据中的所有文本类数据，包括外观感受、舒适性感受、性价比感受、操控性感受、内饰感受、动力感受、油耗感受、空间感受、车辆缺陷、车辆优点、评论总结、购买原因等。

2）经过自然语义分析，即"实体/属性—情感词"抽取分析，得到 7035个"物件词+情感词"组合（见图 6-17）。

3）去掉功能性的形容词，保留与品牌调性相关的情感词。剔除描述汽车器件及功能的形容词，如"漆面+不薄""起步+很肉""气味+难散""真皮+柔软"等，其中的观点词/形容词对于描述品牌个性意义不大，而要保留拟人化的观点词，如"腰线+刚劲"中的"刚劲"，"体型+娇"中的"娇"。

4）根据品牌个性维度语汇库，对保留下来的品牌调性形容词进行归类统计，结果如图 6-18 所示。

物件词	情感词	相关度 1	相关度 2
漆面	不薄	0.430437602	0.937685251
气味	难散	0.487483903	0.931456923
油漆	挺薄	0.436311083	0.916236758
油漆	挺亮	0.415193556	0.916236758
异味	难散	0.442392739	0.910935283
油漆	太薄	0.417238987	0.906239331
地盘	稳实	0.534442666	0.89770329
头灯	正脸	0.403318753	0.895660937
流线	很美	0.507201922	0.886907399
体型	较瘦	0.487784121	0.885222375
体型	娇	0.458660029	0.885222375
漆	不薄	0.559495836	0.872355223
漆	挺薄	0.489890634	0.872355223
外形	超酷	0.49015923	0.871214986
……	……	……	……

图 6-17　"物件词 + 情感词"样例

品牌个性词	出现频次	品牌个性
独特	71	想象
深邃	14	想象
锐利	31	现代
先进	19	现代
简洁	108	务实
整洁	31	务实
朴实	30	务实
厚实	30	务实
便捷	27	务实
庄重	19	务实
简便	15	务实
简朴	12	务实
硬朗	66	强壮
强	52	强壮
凶悍	27	强壮
生硬	27	强壮
粗犷	26	强壮
威猛	22	强壮
……	……	……

图 6-18　品牌个性综合统计结果

5）对统计结果进行旭日图可视化呈现，反映两个层级的品牌调性占比关系，结果如图 6-19 所示。

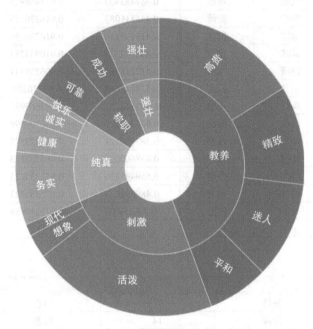

图 6-19 凯迪拉克的品牌个性图谱

从最终结果可以看到，凯迪拉克的品牌调性为：首先是偏向于教养，主要在于高贵、精致、迷人的气质；其次是其"刺激"的一面，主要在于其活泼的个性。

我们不妨结合百度百科上的凯迪拉克品牌史概略来看待这个结果：

一百多年来，凯迪拉克汽车在行业内创造了无数个第一，缔造了无数个豪华车的行业标准，可以说凯迪拉克的历史代表了美国豪华车的历史。在韦伯斯特大词典中，凯迪拉克被定义为"同类中最为出色、最具声望事物"的同义词，被一向以追求极致尊贵著称的伦敦皇家汽车俱乐部冠以"世界标准"的美誉。凯迪拉克融汇了百年历史精华和一代代设计师的才智，成为汽车工业的领导性品牌。

一款美国汽车可以很狂野，也可以很豪华，但是如果想要很尊贵就比较难了。不过凯迪拉克就是一个例外，他的创始人为了纪念底特律的奠基者、法国贵族安东尼·凯迪拉克，就将其家族的徽章作为了车标。现在的凯迪拉克车标已经有了很大的变化，比如少了象征着三圣灵的黑色小鸟和镶嵌着珍珠的王冠，只是由桂冠环绕着经典的盾牌形状，而盾牌形状则由各种颜色的小色块组成，其中红色代表勇气，银色代表纯洁的爱，蓝色代表探索。

如此看来，挖掘的结果较能反映真实情况，与品牌发展历程相符。

结合使用与满足理论和品牌调性分析，可以为内容的规划、制作及渠道投放提供参考，辅助决策。比如，分析汽车品牌与网红的调性及粉丝群体是否契合，以找到合适的品牌代言人。

6.4　社会化聆听产品化解决方案的大致思路

从社会化聆听的操作流程中，可以抽象出 4 个最为关键的组成部分，即数据采集来源、业务分类体系、统计分析挖掘和可视化呈现（见图 6-20）。

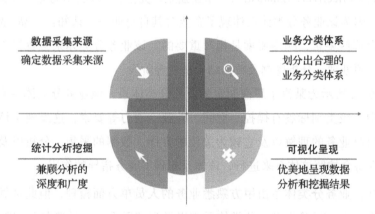

图 6-20　社会化聆听产品化解决方案的 4 个关键组成部分

下面来简要阐述这 4 个关键组成部分的基本要求。

6.4.1　数据采集来源

正所谓"巧妇难为无米之炊"，做事时如缺少必要的条件，则很难成功。在社会化聆听的实际操作中，数据十分重要，没有足够多的数据储备，再好的分析思路和挖掘方法都无用武之地。因此，社会化聆听的第一步就是获取数量可观的高质量、强相关、多维度的数据。

常见的数据采集来源可分为社交平台、电商平台、行业网站和企业内部系统等（见图 6-21），对应的数据类型如下。

- ❑ 社交平台（如微博）、电商平台：留言、评论、软文、话题和对话等。
- ❑ 行业网站（如汽车之家）：评价、投诉、反馈意见等。
- ❑ 企业内部系统：销售数据、客服语音转写文本、工单记录等。

值得注意的是，上述信息来源中，绝大部分数据是文本型数据（资讯、评论等），其次是数值型数据（如价格、评论数、粉丝数等），此外还有少量的图片型数据（一般使用 OCR 识别出其中有价值的文本数据，如品牌标识）。

6.4.2 业务分类体系

在很多涉及语义分析的业务场景中，建立一个符合 MECE（Mutually Exclusive Collectively Exhaustive，相互独立，完全穷尽）法则的业务分类体系至关重要，因为该业务分类体系体现了企业对其自身业务的认知：产品/品牌/服务中包含哪些要素，哪些要素是相对重要的。该业务分类体系会直接影响数据的收集、预处理、分析挖掘及数据结果呈现等阶段。

图 6-22 所示为某汽车厂商制定的业务分类体系，该业务分类体系有 3 个层级，其中一级类别标签有操控、空间、外观、动力等要素，这反映了该汽车厂商对于自身业务的理解以及它较为关注的方面。数据的采集、分析以及分析结果的呈现将会按照该体系来进行，该体系起到了业务指导的作用。

以往，业务分类体系由甲方熟悉业务的人员单方面梳理，但此种做法效率不高，而且由于经验主义，分类体系难以做到"无重复、无遗漏"。进入 AI 时代，业务分类体系的制定可以通过人机协作得以高效、高质量地实现：客户方的业务人员会梳理出体系的大体框架，同时提供少量语料（或者分类种子词），利用先进的无监督算法挖掘业务体系中的潜在结构（见图 6-23），或者基于少许先验知识（有一定结构的种子词）的主题模型提高主题划分和主题词拓展的质量（见图 6-24），辅助业务人员归纳符合自身实际的分类体系，从而提高搭建业务分类体系的效率。

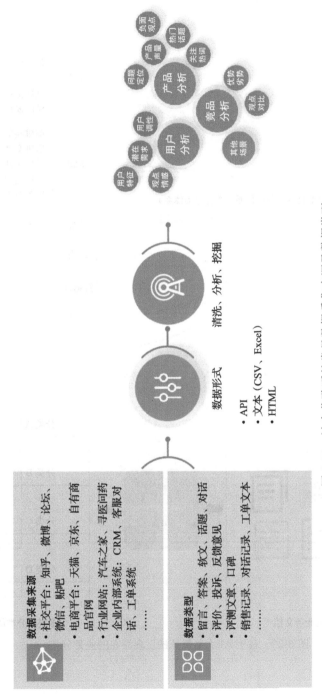

图 6-21　社会化聆听的常见数据采集来源及数据类型

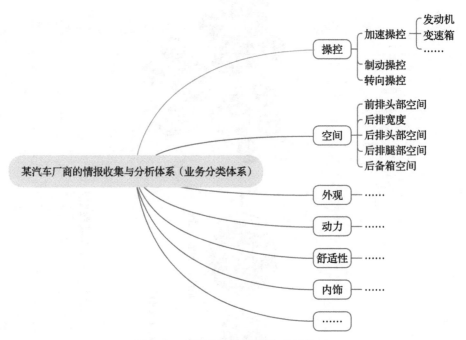

图 6-22　某汽车厂商的业务分类体系

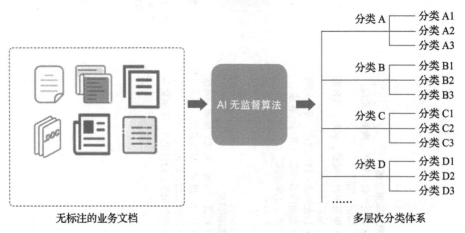

图 6-23　基于 AI 无监督算法发现潜在的业务分类

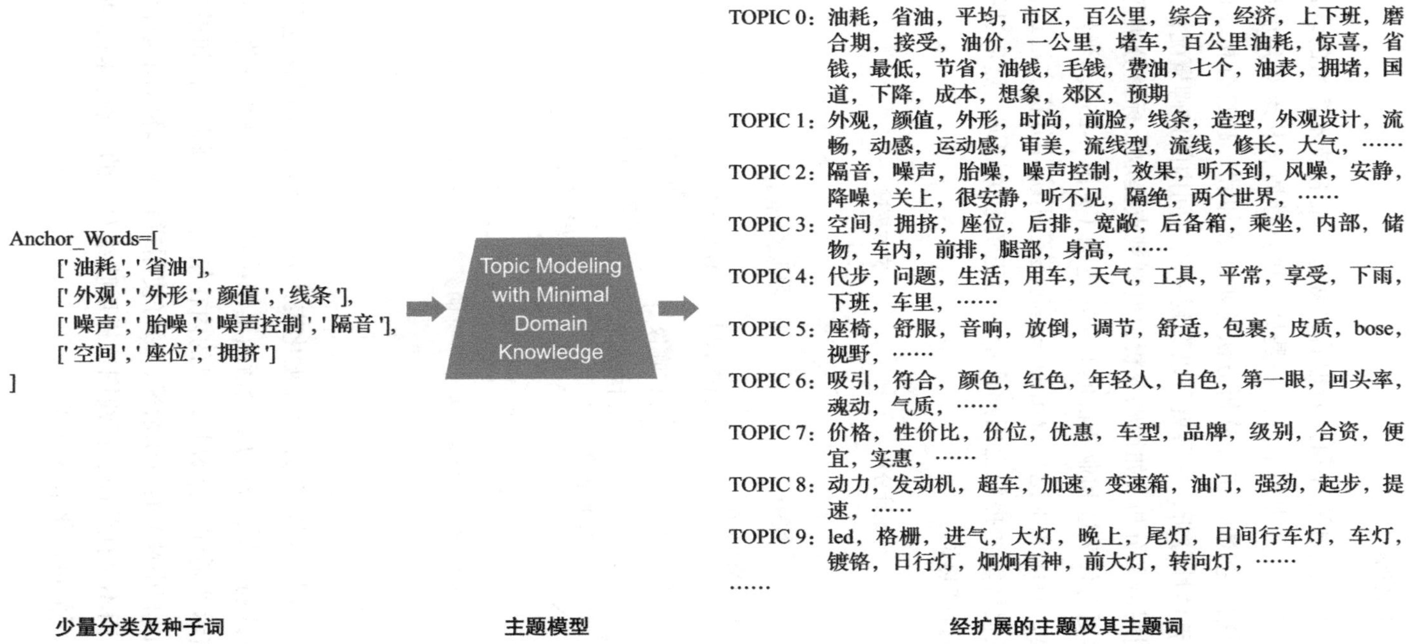
Anchor_Words=[
['油耗','省油'],
['外观','外形','颜值','线条'],
['噪声','胎噪','噪声控制','隔音'],
['空间','座位','拥挤']
]
Topic Modeling with Minimal Domain Knowledge
TOPIC 0：油耗，省油，平均，市区，百公里，综合，经济，上下班，磨合期，接受，油价，一公里，堵车，百公里油耗，惊喜，省钱，最低，节省，油钱，毛钱，费油，七个，油表，拥堵，国道，下降，成本，想象，郊区，预期
TOPIC 1：外观，颜值，外形，时尚，前脸，线条，造型，外观设计，流畅，动感，运动感，审美，流线型，流线，修长，大气，……
TOPIC 2：隔音，噪声，胎噪，噪声控制，效果，听不到，风噪，安静，降噪，关上，很安静，听不见，隔绝，两个世界，……
TOPIC 3：空间，拥挤，座位，后排，宽敞，后备箱，乘坐，内部，储物，车内，前排，腿部，身高，……
TOPIC 4：代步，问题，生活，用车，天气，工具，平常，享受，下雨，下班，车里，……
TOPIC 5：座椅，舒服，音响，放倒，调节，舒适，包裹，皮质，bose，视野，……
TOPIC 6：吸引，符合，颜色，红色，年轻人，白色，第一眼，回头率，魂动，气质，……
TOPIC 7：价格，性价比，价位，优惠，车型，品牌，级别，合资，便宜，实惠，……
TOPIC 8：动力，发动机，超车，加速，变速箱，油门，强劲，起步，提速，……
TOPIC 9：led，格栅，进气，大灯，晚上，尾灯，日间行车灯，车灯，镀铬，日行灯，炯炯有神，前大灯，转向灯，……
……
少量分类及种子词
主题模型
经扩展的主题及其主题词

图 6-24　基于主题模型拓展主题及主题词

6.4.3 统计分析挖掘

数据采集完毕，经过清洗和预处理后，就进入最有技术含量的统计分析挖掘部分。统计分析挖掘分为两部分：一是具有概览性质、从宏观角度出发的统计分析，主要利用一些数据统计分析方法（如计数加和、趋势分析、词频统计等）对数据进行整体性分析，一眼就可以看到一段时间内的口碑概况；二是从微观角度出发，利用语义分析（如情感分析、典型观点提取、标签分类等）手段，从数据中提炼出更有代表性和业务价值的文本挖掘（见图6-25）。当然，二者会存在一定的交集，有时文本挖掘得出的一些标签会用统计分析方法进行二次计算，如通过观点提取算法提取出用户评论中的正负面关键词，然后进行计数统计，得出正负面口碑热词。

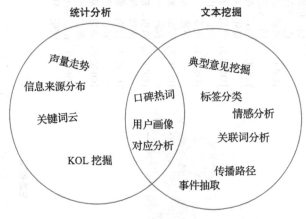

图 6-25 社会化聆听中常见的分析、挖掘方法

6.4.4 可视化呈现

"人靠衣装，佛靠金装。"好的可视化表达除了能够给人以视觉上的美感，还能以简洁的方式将数据分析的结论清晰呈现给使用者。在可视化方面，最重要的是图表的演示要适配数据分析结果的内在结构。举例来说，如果展示情感属性（正面、负面和中性）的占比情况，最好使用饼状图、环状图这样能反映成分占比的图表，而不是柱状图、折线图这样反映绝对量的图表。图6-26给出了社会化聆听中常用的可视化呈现方式。

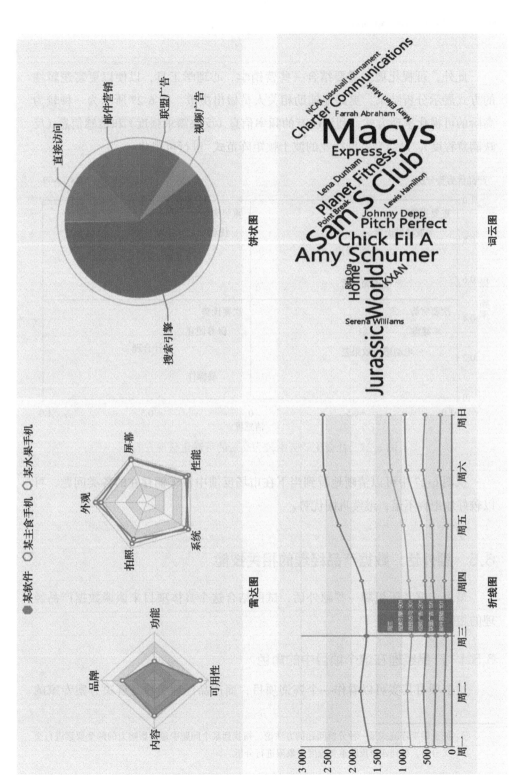

图 6-26　社会化聆听中常用的可视化呈现方式

此外，可视化展示需要结合一些营销学、心理学工具，以便以更富逻辑性的方式展示分析结果，更好地辅助相关人员做出决策。图 6-27 所示为一种较为高阶的可视化呈现方式：利用已有的频率信息（反映需求强度）和情感信息（反映满意程度），再结合咨询行业的波士顿矩阵范式[○]进行可视化。

图 6-27　社会化聆听中较为高阶的可视化呈现方式

从图 6-27 中可以清晰地看到当下在市场反馈中该车辆存在的各类问题，可以较好地把握不足，继续巩固优势。

6.5　题外话：数据产品经理的相关技能

最后，笔者还想聊一些题外话，试图结合这个具体项目来谈谈数据产品经理的相关技能。

6.5.1　产品经理在这个项目中的角色

这个项目其实可以看作一个咨询项目，而产品经理更像是解决方案专家的

○　波士顿矩阵范式是一种分析问题的方法论，指找到某个问题中最有影响力的两个要素进行交叉分析，得到四个反映重要程度的象限进行分析。

角色，其所负责的范围：在宏观层面，涉及需求梳理、方案细化和分析挖掘方案制定；在微观层面，涉及数据采集来源和数据采集字段的确定、分析维度的确定和数据分析 / 数据挖掘方法的选型。

6.5.2　这个项目的产品经理需要具备哪些技能

紧接着上一个问题，该项目的产品经理应该具备以下技能。

（1）结构化思维能力，能快速定位问题并提出相应的解决方案

在本项目中，产品经理需要将项目拆解为四大部分：

❑ 项目的背景（利用社会化媒体的大数据进行市场调研）；

❑ 要达成的业务目标（对汽车的产品反馈、用户群画像分析、品牌调性分析等）；

❑ 使用的分析方法（描述性统计分析、文本挖掘等）；

❑ 分析结论的得出（通过数据分析结果能得到哪些对业务有帮助的见解）。

（2）一定的项目协调能力

在本项目中，产品经理既需要与客户合作，也需要和己方的爬虫工程师、数据分析师、算法工程师、前端开发工程师、后端开发工程师等角色进行高效沟通与协作。

（3）一定的硬技能

在本项目中，产品经理需要掌握基本的爬虫知识、一定的数据分析和挖掘及 NLP（自然语言处理）知识，最好能够使用编程语言（如 Python）进行数据操作，为后续的算法选型和可视化呈现做好准备。

## 第 7 章

商品分析方法

文 / 张龙祥

商品不仅包括实体商品，还包括虚拟商品（如课程、游戏、功能等）。对于大部分公司（尤其是电商公司）来说，人、货、场之间的关系就是商业模式的核心。公司的经营目标是将自己生产或开发的商品销售出去，获得利润。而商品分析可以帮助业务更好地运转。

本章就来介绍如何通过数据分析来支持实际业务，并以电商平台的商品举例，因为电商平台是商品分析体系最完善的行业之一。当然，分析方法是相同的，其他行业的读者也可以从中学习借鉴。

7.1　商品分析总览

商品分析即基于数据的表现对数据进行分析，将前端销售和后端库存紧密结合，从进、销、存不同维度进行分析，发现品类商品存在的问题，进而优化品类结构。

笔者一直从事电商行业的工作，专注的方向是非标品类目。这里首先来比较一下标品和非标品。二者的主要差异在于：标品（如笔记本、手机、化妆用品等）有明确的规格和型号；非标品（如服装、鞋子等）没有明确的规格和型号，且受市场环境、季节、消费者购买心理等因素影响。非标品的分析难度和运营难度通常比标品要大很多。以运动品类为例，如果某品牌的一款运动鞋已经过了其产品季，那么你在做购买决策时除了产品本身外，还会考虑季节性、设计是否过时等因素。

综合来看，对非标品的商品管理尤为重要，因此基于对市场趋势的了解，通过对商品促销管理、后端库存把控、进销存整条链路的商品分析，将商品的完整体系运作起来，对于电商来说非常关键。

7.2 商品分析目标

商品分析的目标如下。

- ❑ 提升前端：提升销售额和毛利指标。
- ❑ 优化后端：降低周转天数，提升售罄率，优化整体库存结构。
- ❑ 品类健康度评估：综合销售毛利、价格带、竞品表现、市场份额等指标，评估整体品类的健康状况。

7.3 商品分析核心环节

商品从生产到销售的过程包括生产、采购（进）、供应链（存）、销售（销）、售后等环节。商品分析的核心在中间的 3 个环节，即进、销、存。对每个环节进行详细分析，可以搭建起整体的商品分析体系。

进、销、存这 3 个核心环节是紧密关联的，如图 7-1 所示。比如：在"进"环节，要考虑哪些商品好卖，哪些商品的库存较少；在"销"环节，要考虑爆款商品的库存情况，缺货时是否易补货，以及滞销款商品的库存情况；在"存"环节，要考虑整体的库存周转以及爆款和滞销款商品的售罄率等。

在电商行业，商品渠道分为自营（平台采购）和 POP（第三方商家）。POP 不涉及平台自身的采购和库存管控，因此下面以

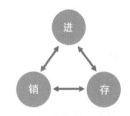

图 7-1 商品分析的 3 个核心环节

自营为例阐述以上 3 个核心环节。

7.3.1 销

在自营的电商平台，商品分析的核心目标是提升销售额和优化毛利，因此在"销"这一核心环节的数据分析只需支持体系提升销售额和优化毛利率即可。

在商品的整个销售链路中，折扣、促销、价格带都是较为重要的因素，都起着重要的作用。

1. 折扣

折扣即使用几折的价格销售商品。确定折扣时主要考量销售额最大化与毛利最优化。在折扣的分析框架中，我们重点阐述价格折扣系数和商品生命周期。处于不同生命周期的商品的折扣不同，并且不同折扣系数商品的销售情况也不尽相同。

（1）价格折扣系数

主要目的：探究折扣率与销售额之间的关系，即折扣率每下降一个百分点，销售额有多大的提升。销售额受流量、转化率、客单价等多个因素影响。对于一个特定品类，转化率和客单价基本上在一个范围内浮动，因此这个问题可以简化为看折扣率和流量之间的关系，探寻折扣率每下降一个百分点带来的流量增长量，并寻找最佳的回归系数，给予业务指导。

监控指标：不同折扣带下的销售额、销售占比及同比情况，如图 7-2 所示。

折扣系数	品类					
	今年销售额	去年销售额	同比	今年销售占比	去年销售占比	同比
整体						
0 ~ 0.2						
0.2 ~ 0.3						
0.3 ~ 0.4						
0.4 ~ 0.5						
0.5 ~ 0.6						
0.6 ~ 0.7						
0.7 ~ 0.8						
0.8 ~ 0.9						
0.9 ~ 1						

图 7-2　不同折扣带下的销售额、销售占比及同比情况

影响因素：

1）价格折扣系数与到货进度紧密相关，如果到货进度慢，则价格折扣系数会受到很大的影响；

2）非标品受到季节因素影响，如果反季节还有大量库存，则价格折扣系数会受到很大影响；

3）价格折扣系数受到竞品等因素影响，如果一款商品在竞品平台大幅降价促销，那么本平台的价格折扣系数肯定会受到影响；

4）价格折扣系数在非标品上的实现过程较为复杂，但是在标品（非临期状态）上实现起来较容易。

（2）商品生命周期

主要目的：非标品的商品生命周期分为导入期、成长期、成熟期、衰退期（与用户生命周期类似）。由于存在季节性因素，可以基于时间维度对商品的折扣体系进行梳理。

1）导入期至成长期。该阶段是培养爆品、旺品的阶段，需要重点关注那些流量飙升和销量飙升的商品。

2）衰退期。在衰退期，可以根据商品的特点选择如下策略。

❑ 清库存：对于反季货品和库存较大的货品，进行大力度的清仓。

❑ 折扣提升：对于库存较少且相对好卖的商品，适当提价以多赚取一些毛利。

影响因素：

1）商品生命周期受季节、平台、竞品等因素影响；

2）商品库存量，能否及时到货以满足商品在生命周期不同阶段的库存需求。

2. 促销

结合商品的属性，分析不同促销活动对销售的提升和对客单价的拉动作用，评估促销活动的整体效果。促销分析的主要内容见图 7-3。

3. 价格带

结合平台价格带、竞品表现及行业属性，评估品类在该平台上是否处于健康状态。

分析体系：结合销售、折扣及毛利对价格带进行整体分析，评估品类的健康状况（见图 7-4）。

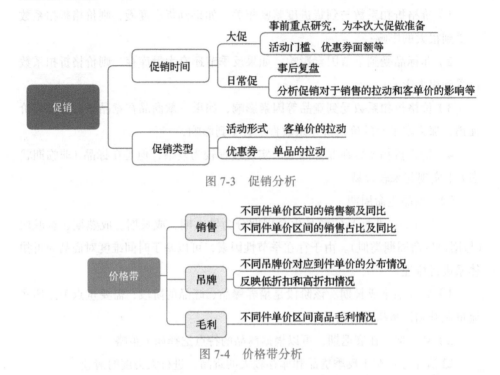

图 7-3 促销分析

图 7-4 价格带分析

影响因素：

1）商品价格带受到定价、折扣等多个因素影响，如果商品库存量大、年份久，折扣系数肯定较低，这样反映出来的价格带就不太健康；

2）库存影响严重，如果一个价格带商品的库存不足，就无法得到这种价格带商品的销售。

7.3.2 存

库存管理是供应链管理的基础，是电商平台的核心能力之一。库存冗余不仅会占用较多的现金流，而且销售不掉还会造成亏损；一旦库存少，就容易断货，造成用户流失和销售损失。三四年前，有一批电商行业的创业明星因库存管理不当而倒闭，可见库存管理有多么重要。

商品库存分析的主要内容见图 7-5，其整体目标是将库存结构调整到最优，并将售罄率、周转天数、库存天期等指标控制在合理的范围内。

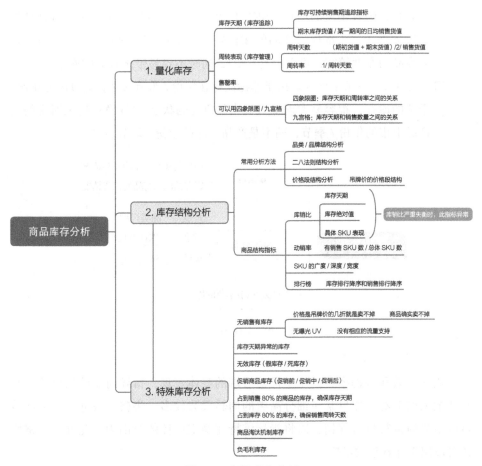

图 7-5　商品库存分析

1. 库存结构

库存货值是不是越少越好？库存结构良好，是不是意味着滞销款商品货值基本为零？答案都是否定的，因为后端的库存要支持前端的销售，所以必须保持一定的库存货值；而且由于存在缺色、断码以及行业趋势等的影响，所以必然会出现滞销款。

库存结构分析的主要内容包括以下几部分（见图 7-6 ）。

❑ 集中度。从销售前 80% 商品的库存货值与库存前 80% 商品的销售情况中，容易看出库存处于缺货还是堆积状态。

❑ SKU 分布。根据 SKU 分布可以很好地评估库存结构。库存结构的理想状态是，随着销量的增长，SKU 的宽度变宽、深度加深，这才符合品类的爆款理念。头部爆款商品的库存较深，不容易出现断货现象；而非爆款商品的宽度较宽，可以丰富 SKU，同时不容易带来较大的库存。

☐ 区分年份/季节的库存。由于非标品存在年份/季节属性，通过区分年份/季节的库存，很容易发现整盘货当前所处的状态。（注意：这里所说的是产品上市的年份/季节，而不是产品入库的年份/季节。）

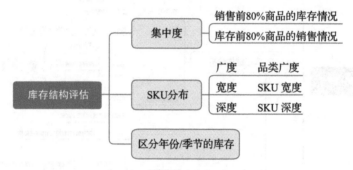

图 7-6　库存结构分析

2. 周转天数和售罄率

周转天数和售罄率可以用于评估后端的整体表现，指导前端的销售节奏和整体的采购节奏。如果某一细分品类的周转天数较多、售罄率较低，那么前端可以适当地进行打折促销，以将指标维持在稳定可控的范围内。此外，售罄率还可以用于计算采购额度。

售罄率的影响因素如下。

☐ 商品的批次信息。在商品入库时有些商品的批次信息会丢失，导致在数据追溯的时候存在偏差。

☐ 商品在仓库中可能出现次转良、良转次等情况，导致无法追溯到批次信息。

☐ 商品在售出后，若发生退货，则无法追溯到批次信息。

☐ 售罄率指标口径：计算整体还是只计算良品，退货场景是否需要考虑在其中。

3. 库存天期

库存天期是指按照近 30 天的日均销售情况（剔除大促等的影响）计算，库存还可以支持销售的天数。

对于非标品，如果剩余的货都是滞销品，那么考虑库存天期就没有什么意义。因此，库存天期主要是针对非滞销品而言的。

在具体商品品类的场景中，经常需要结合前端的销售和后端的库存情况。笔者在对具体品类品牌进行分析时，会参照如图 7-7 所示的分析框架。

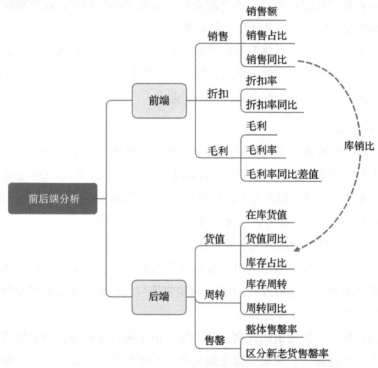

图 7-7　商品前后端分析框架

7.3.3　进

在销售商品之前，需要先向供应商采购商品。采购时既要考虑是否能够保证正常销售，又要考虑是否会造成滞销。

1. 如何采购

背景：非标品的采购一般在销售的前一年就已经开始了，比如准备在 2022年春夏售卖的货，会在 2021 年春夏（最晚秋冬）就采购好。标品可以随时补货，但非标品随时补货几乎是不可能的（即使有货，品质也难保障）。

问题：今年采购的爆款商品明年不流行了怎么办？比如某运动品牌的一款鞋今年很流行，你采购了5000件，但如果明年不流行了，那么这些鞋都会变成库存。

解决方案：结合历史经验和市场趋势进行判断。

- 历史经验：有一些商品属于长青款，不会滞销，可以尽量多采购。有些读者肯定会想：为什么不全部采购长青款商品？记住，长青款商品大家都想要，你不可能拿到那么多的货。
- 市场趋势：一些品牌有自己专属的订货会，我们可以通过订货会了解这些品牌下一年的规划，再结合自己的经验和平台的特性进行采购。（这一点需要有很强的行业直觉和运营直觉。）

2. 采购额度

后端的采购额度可以完全依赖前端的销售KPI吗？答案是不能。假如今年你的销售KPI为20亿元，你就将采购额度定为15亿元，但你从哪里能采购到这么多长青款商品呢？如果为了达到销售KPI和采购额度，一味地退而求其次，就会导致采购来一大批滞销货，这些货最后全部会变成库存。

采购额度可以结合以下三个值来计算。

- 可完成销售值。基于KPI、品类增长趋势及下一年的品类发展策略，确定品类的可完成销售值。（可完成销售值与KPI之间的差距可用代销和适当补现货的方式来弥补。）
- 销售额与销售货值的比例：基于历史情况和行业趋势，确定销售额和销售货值的比例。这里要细化到品类、品牌甚至单品维度。但是如果平台的历史情况是一直疯狂打折，那么这个比值就是不健康的，需要借助行业标杆来衡量。
- 售罄率。

通过销售货值以及品类、品牌甚至单品维度的售罄率，可计算出采购额度。

3. 采购什么

选择采购哪些商品时可以考虑以下三方面。

- 平台情况：结合平台的历史发展情况，哪些商品销量较好且毛利较优，就重点采购哪些商品。

- 品类发展：结合后期的品类规划来采购，重点发展的子品类也要适当采购。
- 竞品平台：利用爬虫技术获取竞品平台上销量较好的商品，再结合平台自身的特性选择性地采购（适合别人的不一定适合你）。

4. 数据支撑

根据库存、销量、毛利及售罄率等指标，综合考虑采购额度情况（见图 7-8）。

	订货及库存预演								关键参数								实际订货				
时间段	期初库存	销售货值预期	理论订货	–期货订货	–现货订货	期末库存	年度周转预期	年度售罄率预期	应季售罄率目标	期末售罄率目标	全年售罄率目标–阶段目标推算	18 年售罄率	自营销售额目标	前毛目标	预计前毛额	期货比例	实际订货货值	–期货订货	–现货订货	已经下单	已入库
2019																					
整体																					
SS19																					
FW19																					
SS18																					
FW18																					
2018 年以前																					

图 7-8　采购额度计算

7.4　商品分析的相关部门

在进行商品分析的过程中，数据产品部门需要与多个部门协作，比如运营、数据开发、供应链等部门。下面主要讲述各个部门在项目中的职责以及在沟通过程中的难点。

（1）运营部门

职责：作为公司创造价值的核心，背负销售毛利、库存周转天数等 KPI。

难点：数据分析完成之后，业务人员不认同指标口径的含义，出现不买账的现象；经常拿出行业不好、没有流量等理由来逃避责任。

（2）数据产品部门

职责：与数据分析师沟通，将定义的分析指标产品化，设计出产品供业务人员和数据分析师使用。

难点：如果数据产品经理不了解业务，设计出的数据产品的价值会下降。

（3）数据开发部门

职责：梳理表字段，如果定义的分析指标没有相应的字段，则需要对其进行设计。

难点：一方面业务场景比较复杂，不了解业务的数据开发人员设计不出最优的数据开发模型；另一方面，某些遗留问题（如批次追溯、退款退货等）会在表结构设计等方面给数据开发人员带来很高的成本。

（4）供应链部门

职责：一般与运营部门相悖，例如运营部门想采购，而供应链会从考核指标上进行施压。

难点：不了解业务和行业，只是一味地控制采购，有时需要平衡与运营人员的关系，才能有序完成业务。

第 8 章

游戏商业化的关键问题和解决方案

文 / 赫子敬

游戏行业是一个非常特殊的行业，它的产品是纯线上的数字化形态，并且完全可以做到无缝闭环。你可以自由控制产品形态，玩家和用户只有在你建立的规则下才能进行游戏。这是一种多么完美的理想环境，在这种环境下，你可以设计各种策略模式来验证你的想法。所以，游戏行业在数据产品方向有很多的应用场景。

本章内容偏手游方向，这个方向利润率足够高，且研发成本比端游和主机游戏低很多，因而在商业化方面表现更出众。这里介绍的游戏商业化内容适用于游戏的运营阶段而非研发阶段。一款成功的手游如果年营收达到 10 亿元，只要营业利润率提升 1%，利润就能多出 1000 万元，可以比肩绝大多数创业公司的利润了，可想而知在游戏行业做数据有多重要。

本章主要内容如下：

❑ 介绍游戏商业化的首要考虑——体验与商业化能力；

❑ 介绍商业化过程中常见的关键问题；

❑ 给出商业化问题的解决方案；

❑ 案例解析。

8.1 体验与商业化能力可否兼得

8.1.1 什么是好游戏

在讨论游戏的商业化之前，我们要先讲体验，因为体验好才是一款游戏卖座的核心原因。如果商业化的发展影响游戏体验的话，那么商业化就会遇到很大的阻力。因此，在这一节笔者想首先讨论一下商业化和游戏体验之间到底是什么关系。

从商业化的角度看，好游戏不仅要体验好，有足够多的用户，还要有很强的变现能力和商业模式。一般人眼中的好游戏往往是玩家众多的游戏，比如《魔兽》《英雄联盟》《王者荣耀》之类的，但其实在游戏商业化方面来说，这些并不是最赚钱的游戏。我们对比一组数据，通过某些特殊渠道可以统计到：

❑《王者荣耀》DAU 约 3000 万，年盈利 160 亿元；

❑ 某头部 SLG 策略手游 DAU 约 5 万，年盈利 20 亿元。

我们看到，《王者荣耀》在总盈利的绝对数值上是非常高的（因为它的体验足够好，有非常多的玩家喜欢），而在平均每个玩家的变现能力上，SLG 类游戏明显比《王者荣耀》高很多。因此不同的游戏模式，不同的商业模式，对于游戏的营收会有很大的影响。而对于数据产品经理而言，我们不可能设计或者过多干预游戏本身，而只能通过后期的运营来提升游戏整体的盈利。在固定的游戏环境中找到最佳的商业模式来提升每个玩家的变现能力，就是数据商业化的任务。

8.1.2 手游商业模式

互联网早期，大部分游戏采用的是收费或者买断制，后来渐渐出现了免费的游戏模式。而在移动互联网时代，出现了 IAP（In-App Purchase，应用内购买），用户可以在游戏内购买各种礼包来提升游戏体验。这种游戏内购方式为现在绝大多数手游所采用，是手游商业化变现中最直接的一种方式。

此外，还有很多游戏接内置广告，定期向玩家推送不同的内容，用来挖掘免费玩家的最后一点价值。而更深层的商业模式是埋在游戏活动、游戏规则之中的，比如很多手游结合不同的业务形态推出不同的产品，如抽奖类礼包、兑换类礼包、充值定期返还的基金类礼包，甚至结合一些新概念（如区块链）尝试很多创新的商业模式场景。

在这方面有太多商业模式的新花样了，但同时我们也要看到，过多的商业模式会导致游戏体验降低，这些商业模式不光是弹窗很烦人，有时甚至还会影响游戏的公平性。有些游戏做得极为过火，开发各式各样的模式，比如修真、精炼等小功能，然后在此基础上附加 IAP 的功能，最后整个游戏都变味了，满屏的 IAP 入口，五花八门的 icon。但"存在即合理"，为什么很多游戏要这么做呢？因为这样真的会让游戏获得更强的变现能力。

8.1.3 通过数据平台找到平衡点

现在我们知道了，体验和商业化是对立的关系，从目前行业内的产品形态看，这个问题似乎是无解的。体验好的产品，其商业化水平一定会更差一些，因为大多数商业化的植入，比如广告植入、商品推荐、活动推荐等，都会破坏体验。虽然也有极少数能迎合体验的商业化策略，比如不带任何数值提升的皮肤，但这类策略往往会牵扯 UI 和新游戏角色皮肤的设计，带来新的成本，从商业模式本身来讲，这并不是边际成本最低的手段，无法在短时间内大规模应用。总之从目前的产品形态来看，体验和商业化是互斥的。

在完成一款游戏主框架的研发、步入运营阶段后，游戏公司往往希望通过运营手段最大化游戏的商业价值，但很多时候，过于趋利往往会严重伤害游戏的核心体验。早在端游时代，行业内就流行一句话："世上没有不好的游戏，只有差的运营商。"这句话的意思是，同一款游戏在不同市场不同运营商的运作下，最后的效果会大不相同。所以在一款游戏上市后，如何最大化商业模式并且不影响核心体验是一个重要的研究课题。

在这个课题里有很多细节问题需要长期研究。目前，游戏公司普遍采用的方式是：给出一个平台级的解决方案，即基于数据驱动的思维构建一个实验平台，通过它可以配置活动，调节商业化过程涉及的每个参数，并关注用户的留存、付费等指标的变动情况，从而找到每个问题的平衡点。

发现问题并通过数据解决问题，是数据产品经理的核心能力。在手游企业中，我们能发现很多商业化问题，这些问题往往并非完全独立的，而是相互制约、相互影响的。

很多产品经理有一个疑问：在实际场景中，如何鉴别是不是自己的策略影响了业务？如果所有策略都是完全独立的，互相没有影响，那么做一个简单的A/B 测试系统就可以解答这个疑问。但具体到本公司的实际情况，我们碰到的很多问题，尤其是在手游这个场景中碰到的问题特别突出，几乎所有场景都存在多个问题，而且这些问题并不能完全切分开来。因此这里我们需要设计一套系统，其目的是解决所有这些商业化问题，对整体进行优化，而不是点对点地对每一个问题进行优化。

下面会列举在游戏商业化过程中常见的各种问题，但由于每个问题都是复杂的综合性问题，所以并不会给出数据策略层面的解决方案。8.3 节将给出平台级的产品解决方案，即通过构建规则引擎的多试验组平台来支持所有商业化问题的解决和数据策略的探索。

8.2 游戏商业化过程中常见的关键问题

本节会列举游戏商业化过程中常见的关键问题，但是不会给出直接的解决方案，因为正如上文所说，在实际运营中，解决方案是在商业化的规则引擎平台中，通过不断调整规则和配置，根据数据不断迭代得到的。

8.2.1 礼包推荐的核心问题

广义上，礼包推荐可以理解为一种类似于推荐系统的应用模式，但仔细思考不难知道，推荐系统的核心诉求是帮助用户在大量信息中快速找到自己感兴趣的信息，解决的是用户获取某条信息的成本问题，即通过降低用户的操作成本，帮助用户快速找到具体的关键信息，从而提升用户体验。因此这个系统的存在有一个大前提——信息量足够大。如果一个电子商城中只有一种商品，那么它肯定不需要推荐系统。商品的多样性对于电子商城非常重要。总结一下，推荐系统的核心场景必须具备下列条件：

- 数据量的绝对值足够大；
- 数据类型或种类足够多；
- 用户是在探索性地检索而非点对点地查找（用户对自己的诉求并非特别明确）。

而在礼包推荐场景中，礼包的多样性会比电商场景差很多。笔者做了一个粗略的统计（见表 8-1），对比了电商产品和游戏礼包在商品种类上的差异。从中可以看出，游戏礼包的商品种类数量与电商场景的差距不小。

表 8-1　手游和商品的种类统计

行　业	商品大类	商品小类	合　计
电商	48 种	28 种	1344 种
游戏	不超过 10 种	不超过 10 种	不超过 100 种

在 SLG 类游戏中，礼包一般分为以下几种类型：

❑ 资源类礼包；

❑ 战力装备礼包；

❑ 周期特惠礼包；

❑ 皮肤类礼包。

由于礼包类型过于单一，而设计新的礼包类型又会对游戏的平衡性有一定的影响，所以这里需要综合考虑，既要解决推荐品类单一的问题，又要保证不影响游戏平衡性。这是个非常复杂的问题。

8.2.2　内购盈利模式下的二八定律

做过数据工作的人应该都非常熟悉二八定律，符合该定律的分布场景很多，尤其是在盈利能力贡献上——少数人会贡献绝大多数的收入。而在手游行业这种情况更加突出，甚至有的游戏的目标就是服务好那么几个超级玩家，就像是专门为他们开的 VIP 服务器一样。为此游戏公司甚至会配置专门的 VIP 运营，与他们建立私下的沟通渠道。如何更好地维护这种超级玩家，让他们有更好的体验，这会涉及游戏平衡性、游戏玩法、商品模式等核心问题。比如，有些超级玩家喜欢在游戏中大额消费，以在短期内快速提升个人的战力，而这会打破游戏的平衡性，对其他很多免费和付费玩家产生一定的威慑和打击作用，让大量玩家丧失了玩游戏的乐趣，造成玩家大量流失。更严重的是，这种玩家流失会造成整个游戏生态被破坏。最后，超级玩家会发现，游戏服务器变成了死服，除了他们自己，别人基本都流失了。他们的游戏体验大幅下降，于是也会跟着流失。由此可见，游戏需要有一个良好的机制，既能长期满足超级玩家的需求，又不会破坏游戏的平衡性。

8.2.3 游戏平衡性问题

游戏平衡性问题其实非常复杂。在游戏上线初期，一般由游戏策划和游戏数值策划通过专业方法配置游戏策略和数值来保证游戏的平衡性。但为了精细化运营，我们希望可以打破这种限制，通过大量的策略实验来提升游戏的盈利水平。这就产生了一个非常重要的问题：如何确保实验不会打破游戏平衡性？我们通常会配置一些核心指标，尤其是一些重要的短期指标，比如 DAU 流失情况、每日战损情况等。实时监测这些指标，一旦发现异常，立即下线对应的实验策略。一般来说，这些策略的主要目标群体是小 R 和中 R，因此不会对大 R和超 R（R 代表人民币，大 R、小 R、超 R 代表不同支付能力的游戏玩家）有太大的影响。这样能确保游戏平衡性不会出现太大的变化。

8.2.4 不同地域人群的偏好

同一款游戏在不同地区的市场表现会有很大差异，比如《王者荣耀》在中国是最受欢迎的游戏之一，但在欧美基本排不上名次，这和当地的风土人情和人文背景有很大关系。

不同地区人群的偏好可能完全不同，这对游戏的商业化是一个非常有利的因素。研究如何让同一款游戏在不同模式、不同策略下对不同地区的人群产生最好的效果，可以有效提升游戏本身的商业化能力，因为这种模式如果能成功，就意味着一个地区的用户被开发了出来，那是非常大规模的用户群体。这一点是商业方面的重要研究课题。

举个例子，现在很多手游有换皮技术。换皮技术的核心逻辑是，游戏的后台逻辑和数值等都没有变化，但是前端的贴图、特效、流程、名称有非常大的变化。比如一款现代战争策略游戏，换一个皮就能变成一款全新的石器时代战争游戏。对游戏公司而言，这种方式的研发成本相当低，但却很有可能收获不同地区的人群。比如中国人喜欢三国题材，欧美人喜欢古希腊神话题材，只要换一下皮，一款游戏就变成了两款，收入会大幅提升。

8.2.5 短期利益与长期利益的权衡

对于 SLG 策略类游戏，玩家买礼包的最主要原因是礼包可以快速提升战力，而战力会因为战斗产生战损。因此提升收入最好的策略就是提升用户对于礼包的诉求，并提高这种周期性诉求的频率。而提升礼包诉求有正向和负向两种手段。

□ 正向，推出更好的礼包，这样大家就有了新的追求。

□ 负向，需要提高用户的战斗损失或设置某种晋升卡点，让用户不得不购买礼包来弥补战斗的损失。

而推出新礼包、新装备势必会打破游戏平衡，并且需要进行一定的数值模式和产品设计以及研发，因而很难在短期内有效提升商业化运营的整体效率。这样看来，似乎只能通过提高战斗损失或设置晋升卡点来刺激用户购买礼包了。但这也要有一定的度。举个例子，饥饿会让人购买食物，而新品种的食物需要时间研发，如果想扩大收入，也许把商店开到健身馆旁边是个不错的选择，因为在这周边的人群消耗会更大，有利于扩大食物的销量。但用户在健身馆的消耗也不能太高，如果太高，人饿晕了，出现事故，最后用户就会流失。同理，在游戏中也不能让战损或卡点需要消费的礼包超出用户的心理底线，否则不但不会提高收入，反而会造成用户流失。如何消耗战力、如何促进 SLG 各个玩家之间的竞争关系、如何有效控制消耗频率是其中的核心问题。如果消耗过大，虽然短期的收入会有明显提升，但有可能造成用户流失，长期来讲对游戏是不好的。

对于游戏特价活动也是一样，也需要考虑平衡。这类似于每年的"双 11"，存在一个非常有趣的问题：到底多久做一次大促销才能长期提升收入？频率越高，大家就越有可能对促销产生适应性，从而降低消费；而频率越低，带来的短期直接受益会越低。这种活动的促销时间平衡点究竟应该设在哪里才能使收益最大化呢？从数据上是非常难验证的，因为周期太长。付费玩家的生命周期一般在半年以上，这意味着你的一种策略至少要执行半年才能从数据上看到它对长期收入的实际影响。这又牵涉到另一个问题，就是如何快速评估一个策略的长期和短期收益，从而确定这个策略的合理性。

8.2.6　反作弊的权衡问题

大家一听到"反作弊"应该大概能了解，这是一个负向业务，肯定是有玩家在游戏里干了坏事，要对他进行处理。你可能会问，难道反作弊还需要权衡吗？直接封掉作弊玩家不就可以了？事实往往并没有如此简单。比如最火的吃鸡游戏，据说高峰时一次能删掉 100 多万个非法账号，一个号卖 90 多元，这对于吃鸡公司来讲是一笔非常可观的收入。被删掉的大部分非法账号，其用户本来就不是一次性的开挂用户，而是这个游戏中的大 R，被封了大不了再买个号继续开挂。

所以对于企业来讲，到底应不应该把这些大 R 用户完全封禁，这是个问题。当然有内行会说，FPS 游戏很难真的封掉用户，由于 FPS 游戏是在客户端本地进行计算的，并没有太多的服务器交互验证，很多开挂用户可以修改本地数值。这看似是无解的，也确实很难完全封禁这些用户，但如果真想做，不是完全没有可能。在我看来，问题的本质在于公司对于这件事的重视程度不够高。从技术上讲，其实可以在本地运用一些 AI 图像识别和机器学习算法来解决这种问题。

这里拿吃鸡外挂举例，是因为吃鸡游戏很火，大家比较了解这种情况。而在 SLG 手游里会有另一个问题——资源代刷。我们经常能看到一些游戏攻略，里面介绍一个人开好几个小号，养一个大号。由于都是本人操作，所以开不了几个小号，一般不会对游戏平衡性或商业模式产生较大的冲击。但如果有人恶意通过某种技术批量开小号、批量操作的话，就会有大规模的小号资源，这时他会找一些大号购买他的小号资源，从中获利。这种模式就会对游戏本身的商业模式产生很大冲击，因为这些玩家购买了小号就能达到与购买礼包同样好甚至更好的效果，就不会再购买礼包了。

回到本节的标题，我们其实不难发现作弊的账号，但真的要将它们全部删掉吗？原本这些玩家只是购买礼包的次数较少，如果完全删掉，他们就没有任何购买礼包的可能了。这样做不仅会减少游戏的玩家数量，还会打击玩家的消费欲望，其实也会对游戏的平衡性产生影响。如果你把游戏看作一个整体，这个漏洞就是整体中的一部分，如果你把漏洞完全补上，最后的结果是无法预测的。因此对于这种漏洞，如果能产生一定的正向收入，大部分游戏公司一般不会采取完全封禁的策略，而只会进行有限的干预。

8.2.7 广告成本问题

如果玩免费的手机游戏的话，你会经常看到游戏推荐的广告。这是一种非常成熟的商业模式，可以挖掘免费玩家的价值，从而提升游戏的收入。头部游戏会大量铺广告，每天的广告成本甚至高达上百万美元，而手游广告占 App 广告投放总费用的 44% 以上。手游广告成本也是这个行业最大的成本，如果能有效提升广告效率，降低广告成本，会对提升游戏的整体利润有很大帮助。因此，如何提升广告转化效率是非常重要的问题。

笔者曾经参与过一个出海手游项目，这个项目有多个广告投放渠道，每个渠道又有不同的投放策略，这些渠道和策略构成了复杂的投放组合。一般投放团队会先观察投放后的数据，再对投放策略进行优化，这样就会有一定的时间成本，而这些时间成本最后都会变成广告的投放成本。如何能够快速、自动地选择最优投放策略是一个产品化研究的课题。8.4 节会介绍我们当时做的广告渠道预测一日模型的解决方案，它通过快速评估每个渠道的未来盈利能力来判断当前的投放组合是否需要改变，从而提高广告效率，降低广告成本。

8.3　基于规则引擎的多试验组测试

在上一节我们提到了很多游戏商业化的问题，这些问题大部分属于复杂系统的综合问题，有多种因素互相制约。为了探索这些问题的最佳解决方案，必须有一套比较成熟的方法论和工具支持。在实际业务场景中，我们将离营收最近的内购形式、内购策略作为研究对象，建立一套基于 IAP 的规则引擎，以最大化游戏的商业价值，优化用户的内购体验，针对不同的用户消费习惯推荐不同的销售策略和产品，同时提高游戏、包装的迭代及测试速度。

8.3.1　IAP 商业化问题拆解

这里大致梳理了一些游戏 IAP 需要解决的商业化问题。图 8-1 所示为 IAP 调配数值分解图，其中，左侧深色区域为 IAP 中可以通过规则配置的数值，右侧浅色区域为我们需要解决的商业化目标的核心指标，比如转化率、成交率等。基于这些核心指标，我们设计了一套 IAP 规则引擎，可以通过配置左侧的数值来影响右侧的核心指标。在大量长期的实验数据下，我们希望能逐步测试并探索出这些问题的最佳解决方案。比如，当想提高成交率（右侧指标）时，可以通过礼包排序、礼包物品种类（左侧配置选项）等来测试怎样实现。

图 8-1　IAP 调配数值分解

8.3.2　规则引擎产品架构解析

规则引擎主体框架如图 8-2 所示，整个产品架构由以下三部分组成。

❑ 包装素材生产和礼包生产模块（左下角）：属于内容生产模块，可以生产不同的产品包装、特效、标题、话术等。

❑ A/B 测试平台（上侧）：主要用于对用户进行切分，创建实验组，并监控实验对象的实验效果数据。

❑ 规则引擎（右侧）：用于接收实验组 ID 和包装 ID，配置销售规则，打包上述所有资源形成策略 ID 并分发给 C 端用户，实现为不同用户群体配置不同销售策略的功能。

图 8-3 描述了规则引擎的工作流程和具体功能拆解。

8.3.3　礼包生产模块

礼包对于 IAP 来讲是非常重要的入口，会直接影响到用户整体的点击率。这里简单列举一些 IAP 的礼包入口类型，在实际应用中这些礼包会在礼包模块中配置好，并生成礼包 ID 推送给规则引擎进行打包配置。

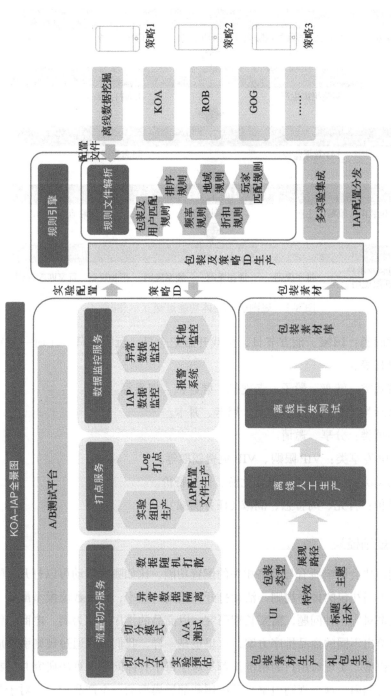

图 8-2　规则引擎主体框架示意图

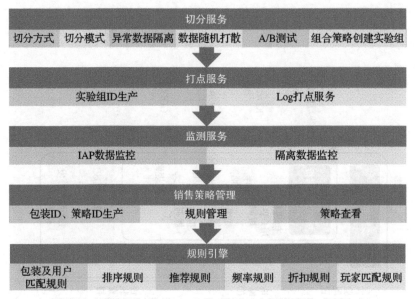

图 8-3　规则引擎主体功能点交互示意图

- ❑ 时间类：国家、地方节日，游戏开服纪念日，玩家生日，注册一周年纪念日等。
- ❑ 游戏类：转盘、骰子、老虎机、娃娃机、扭蛋等。
- ❑ 活跃类：签到、连续登录、周卡、月卡。
- ❑ 传播类：分享、邀请。
- ❑ VIP 专享类：VIP 限购、VIP 免费领取等。
- ❑ 活动类：充值返利、积分兑换、任务特价。
- ❑ 特价：首充、周特惠、满减（任务满减）。

8.3.4　规则模块

规则模块会影响所有与策略相关的配置功能，比如哪些活动可以打开、哪些要关闭，不同礼包的排序规则，活动打开和关闭的频率，以及数值模型配置。每一种规则都对应一种问题，需要长期研究。以商品的排序问题为例。电商会针对不同用户给出不同的商品排序方案，这里也是一样，我们可以通过规则引擎应用某个算法模型，实现对用户的精准推荐。对于每个具体问题的算法研究并不在本章的讨论范围内，这个规则引擎只是应用和部署模型的一个产品形态，对于具体推荐问题或者其他具体情形，需要单独研发算法进行研究。而规则模块会解析这些配置的规则与训练好的算法模型，从而完成应用层的部署并生成策略 ID。

规则模块的配置功能主要是根据运营需求，由运营人员或者产品人员来操作。下面列举几个主要的可配置规则类型。

- ❑ 礼包开关（GYO）：每个游戏引擎中都有丰富的礼包，但是哪一种礼包什么时候开启、什么时候关闭是通过规则引擎来操作的。
- ❑ 主推排序（RAN）：礼包推荐的排序。
- ❑ 活动开启频率（FOA）：活动多长时间开启一次，开启多长时间。
- ❑ 活动限购数量（LOP）：礼包并不总是无限的，有时为了达到更好的营销效果，会对礼包限购。
- ❑ 活动刷新频率（ROP）：活动多长时间刷新一次。
- ❑ 满返推送条件（SOP）：满足什么条件就向用户推送信息。

8.3.5　复杂实验的创建

由于很多时候不太可能有单一的环境，我们一般会为用户配置一种综合策略。在这种多策略的复杂实验场景中，我们需要有一套策略 ID 的生产规则（见图 8-4），用于支持多策略、多包装情况下的实验数据区分和监控。类似于图 8-4，策略 ID 由多个礼包配置和规则集合组成，每个礼包配置包含礼包类型、礼包版本和礼包素材，每个规则包含不同的规则类型以及该类型规则下的算法版本。

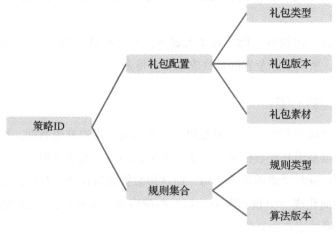

图 8-4　策略组成示意图

8.4　专题案例：构建广告成本优化模型

数据产品系统更适合把解决方案固化，而如果出现新的运营问题，可以将其作为专题来研究。本节介绍在游戏广告投放领域的一个实战应用案例。广告作为游戏最大的成本支出，是一个非常有代表性的研究方向。对于游戏来讲，提升广告投放的运营效率可以有效节省成本。这里大致介绍一下我们构建广告成本优化模型的主要思路，以及这个模型是如何提升广告运营效率的。

8.4.1　如何节省投放成本

广告投放效率的主流研究都聚焦于如何找到更精准的投放渠道和浮动价格。如何快速判断投放渠道的质量并调整投放策略非常重要。对于投放量大的公司，如果可以快速判读渠道质量，就能省下大量投放成本。

例如，一般投放一个渠道需要 3 天时间采集充值用户的数据。如果充值用户数及充值额度没有达标，就调整投放策略，但这时已经过去了 3 天，这意味着可能有 3 天我们都在投一个无效的渠道。而这 3 天里，每天可能都要花费几十万元，累计花费上百万元才能拿到真实的充值用户数据，进而判断是否值得继续投放。成本就太高了。

当然你也可以每天先花几万元测试渠道，但是时间成本就不是成本了吗？你用几天来测试，可能整个运营节奏都要等着这个数据。如果在投放后能够立即知道一个渠道的质量，我们就能及时调整投放策略，这对于投放人员来说是多么重要啊！

这样，仅一次投放就能节省 3 天成本，而在项目中我们可能会进行长周期的连续投放，所以实际节省的投放成本要多得多。

8.4.2　模型核心逻辑

传统投放时我们需要花 3 天时间去采集真实的用户充值数据，耽误了时间。只要我们可以基于某种数据建立一个模型来预测出未来 3 天内的用户充值数据，不就可以直接判断渠道的质量了吗？而这种数据的最快来源是用户的操作行为，于是问题就简化成一个预测模型，其核心逻辑是：根据用户在游戏中的操作行为差异预测哪些用户会充值。

这样，我们只需要采集大约 1 天的用户行为数据，就能预测后续的用户充值情况。对于产品经理来说，只要找到这个优化的思路和节点，就能够为公司省下大量的推广费用。

确定了大致的策略和方案后，下一步来看算法层面。此时产品经理的主要工作是收集用户行为特征，判断哪些特征适合用于预测用户是否会付费。比如，用户点击 IAP 按钮的次数、用户登录时长、用户查看礼包详情时长、用户是否有 PVP 相关行为等都有助于预测玩家的付费意愿。产品经理甚至还可以设计一些产品交互功能来判断用户是否会付费，从而提升数据质量。

收集好这些数据后，将其提供给算法开发人员来提高预测模型的预测精度和召回即可。

## 第9章

在 B 端初创公司做数据运营

文 / 停云

一些有数据和运营部门的互联网公司往往同时有数据运营人员和数据产品经理。产品是为用户设计的，数据运营人员作为数据产品的主要内部用户，对数据产品的设计有重大影响。

本章通过对数据运营的介绍，为开发 BI 类的数据产品提供思路。BI 类的数据产品主要用户是内部的数据运营人员，要做好这类数据产品的设计，主要的任务就是了解数据运营人员的主要职责是什么、目标是什么、日常的工作是什么、遇到的问题以及产生的数据产品需求是什么。本章针对以上问题，从下面几个角度阐述：

❏ 数据运营是什么？

❏ 数据运营与数据分析、数据产品有什么区别？

❏ 初创公司是否需要数据运营？

❏ 如何在初创公司做数据运营？

本章基于我在 B 端初创公司做数据运营的经历与大家探讨以上问题。

9.1　什么是数据运营

什么是数据运营？"数据运营""数据分析"和"数据产品"三者都带了"数据"

二字，都是基于数据开展工作，三者之间有什么区别呢？本节就来解答这些问题。

9.1.1　数据运营的定义

数据运营是一种主要用数据来支持公司精细化运营中各项事情的能力，如用数据支持产品运营、用户运营、市场运营、渠道运营、新媒体运营等。数据运营的核心理念是基于数据做运营决策，这就需要我们在有数据的地方以数据事实说话，在没有数据的地方找数据支撑，不要凡事拍脑袋决策。

9.1.2　数据运营与数据分析、数据产品的区别

数据运营、数据分析、数据产品三者都利用数据为公司工作，但它们有以下区别。

- 数据分析偏临时性、专题性的分析，如各类分析报告，岗位大多在业务部、市场部、技术部或数据部。
- 数据运营偏周期性、与运营相关的数据监控分析和报告，如日报、周报、月报及运营专题报告，岗位主要在运营部。
- 数据产品是用固定的数据解决方案来满足数据需求，岗位在产品部。

例如，互联网公司的运营部在开展运营活动的时候，数据运营人员需要选择目标用户。他们可以向数据部的数据分析师提供活动目的和大致的目标人群，数据分析师通过数据挖掘，分析出运营活动目标用户的用户画像，并提供相关的数据策略，帮助数据运营人员完成目标用户的选择。

另外，运营部可以分别通过数据埋点和业务订单数据来了解运营活动的过程与结果。这时数据运营人员会向产品部的数据产品经理提出相关数据需求，由其设计埋点和数据集市，而数据运营人员通过自助 BI 实现个性化的数据阅读与分析需求。

以上是数据运营人员、数据分析师、数据产品经理三种角色的工作内容举例，但根据公司和工作饱和度的具体情况，有时会存在一人担任两个甚至三个角色的情况。

9.1.3　在公司不同发展阶段数据运营人员的重点工作

如图 9-1 所示，初创公司或产品项目一般会经历 4 个发展阶段。在公司的

不同发展阶段，数据运营人员的工作重点都不一样，下面来一一介绍。

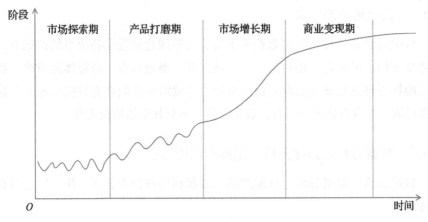

图 9-1　初创公司的发展阶段

（1）市场探索期

在这一阶段，数据运营人员的重点工作是收集市场需求、市场规模和发展潜力的数据，用量化数据展示用户的需求和竞品的竞争力。数据像一个指南针，指明确切的方向，支持公司做正确的事。这时候我们就像置身于黑暗的森林里，看不清眼下的路，而有了可量化的市场数据，就像在满天的繁星中找到了最亮的北极星，通过它就能找到黑暗森林的出路。

（2）产品打磨期

在黑暗森林中，光有北极星这个大概的目标方向还不够，既要抬头看天，还要低头找路。在产品打磨期，会不断发生碰撞，我们必须用数据来验证哪些产品功能和体验更适合市场，在岔路口，就用数据来做决策。例如，A/B 测试、MVP、灰度测试等都是数据运营帮助打磨产品的方法。

（3）市场增长期

有了大概的目标方向，又有了符合用户需求的产品后，我们就要以尽量低的成本大量获取有同样需求的用户。大规模、低成本、高留存率是我们在这一时期的数据运营目标。

（4）商业变现期

在商业变现期，数据可以协助我们：在流量多的页面进行流量变现，把用户最离不开、最想要的功能作为增值付费服务；分析竞品定价和用户付费意愿，制定价格策略；分析哪些环节成本较高，进行成本优化。

9.2　初创公司是否需要数据运营

大部分初创公司会有一个还有多少天就要倒闭的倒计时牌，它们必须在倒闭前找到可赢利的商业模式。优秀的数据运营人员可以通过数据快速验证产品是否符合市场需求，帮助公司找到影响赢利的问题和商业化出路。

9.2.1　初创公司的共同特征

从短期看，初创公司大多存在缺钱、管理混乱、产品差、市场份额小、管理者喜欢"画饼"、缺乏明确的发展方向等诸多问题。如果公司缺乏对市场的长远洞察力，就很难做出良好的战略规划，甚至大家都觉得自己才是对的，上下想法不一，不能往一个方向上使劲，导致前期要在黑暗中不断摸索，进进退退。

另外，B 端的运营人员比 C 端的运营人员更少。B 端的产品为企业所使用，企业客户在认知、对比、购买决策、采购、售后等流程上耗时都比较长，但客户价值高，因此 B 端的运营更偏向客户成功，即利用更多的客服售后帮助客户成功。

9.2.2　数据运营为初创公司的发展提速

对于需要精细化运营、高效运作的公司来说，数据运营是必需的，因为只有有了数据才能精细化。例如，有大量的 C 端客户、SMB 客户（中小企业客户）的公司都适合进行数据运营。而对于不需要精细化运营的公司来说，数据运营不是必需的，这类公司的主要客户为政府客户、KA 客户（Key Account，大型商户，占关键销售份额的客户），它们更需要较强的项目管理和商务管理能力。

上面讲到大多数初创公司的共同特征，可以看到数据运营正好契合大多数初创公司的需要，通过精细化运营，数据运营可以帮助初创公司快速找到市场目标、选择目标用户、完成产品设计、制定商业化路线等，为初创公司的发展提速。

9.3　我在初创公司如何做数据运营

我所在的 B 端初创公司主要客户为 SMB 客户，有少量 KA 客户。本章所讲述的 B 端运营主要面向 SMB 客户，KA 客户由 KA 客户经理专门维护，这里不做介绍。

初创公司一般都会经历市场探索期、产品打磨期、市场增长期、商业变现期等阶段。在公司发展的不同阶段，公司的重点目标不一样，数据运营人员的工作重点也不一样，下面就展开来讲在不同阶段我做数据运营的重点工作。

9.3.1　市场探索期

我刚进入公司的时候，公司已选定行业与产品方向（涉税行业开票产品），刚走过曲折的市场探索期。根据公司给出的信息和我以往的经验，我判断公司决定走这条路的时候用到了以下市场数据：

❑ 行业规模与行业增速，即市场存量与增量；

❑ 主要竞争对手的市场份额与资金实力。

数据运营是一项偏周期性的工作，如制作数据日报、数据周报、数据月报。在市场探索期，我们一般会做数据周报和数据月报，汇报内容主要是市场的增量和竞品的发展状况，如：竞品公司数量与用户规模；各省份的竞品，主要商圈覆盖情况（存量和新增）；竞品的主要功能，近期迭代；行业和竞品的商务营销事件，社会事件。

9.3.2　产品打磨期

这个阶段的数据运营更偏产品运营。用精益创业的理论来说，产品打磨讲究的是 MVP（最小可行性产品）和 PMF（符合市场需求的产品），用 MVP 去验证市场需求，做出 PMF。对于 PMF，我们用以下质量类指标进行衡量：

❑ 产品不良率；

❑ 产品核心功能使用成功率；

❑ 交付时长 / 目标达成时长；

❑ 用户留存率 / 流失率；

❑ 用户净推荐率；

❑ 用户付费率；

❑ 用户好评率 / 客诉率；

❏ 用户活跃率。

对于以上指标，不同公司有不同的质量追求，依公司而定，但这个阶段核心追求的都是产品功能与体验符合市场所需。

在产品打磨期，数据运营人员和运营部其他人员一起制定这些指标，并对指标设定目标值，对影响这些指标的动作进行分析。在执行过程中，会对相关指标负责人进行同步，一旦有不达标的情况，常规问题按周进行通报，紧急问题按日进行通报，并组织相关负责人（如产品经理）和执行人（如开发人员、客服人员）讨论与制定解决方案和执行方案，共同把产品打磨好，数据运营人员会以周为单位跟进问题。

如果公司有数据产品经理支持，在此期间数据运营人员会和数据产品经理一起制定 BI 数据看板，如运营数据日报、产品质量看板、产品使用分析看板等；如果没有数据产品经理、数据开发人员支持，数据运营人员同样可以用 Excel、Tableau 等数据分析工具来支撑日常数据运营需求。

9.3.3　市场增长期

市场增长的核心是用户的增长。在市场增长期，用户运营是重点工作。因为我们的产品是互联网产品，所以我们以用户对产品的使用情况作为客户的生命周期运营，并引入与我们的发展模式较为相近的 AARRR 模型作为市场增长的理论依据。图 9-2 所示为我们的 AARRR 模型的主要指标与核心动作，我们主要做了获取用户、提高激活率、提高留存率、获取收入这四个环节，第五个环节——自传播因为产品比较敏感，较难形成自传播，未展开做。

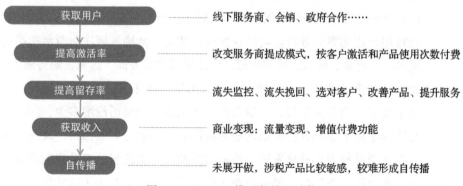

图 9-2　AARRR 模型与核心动作

1. 获取用户

我们的主要客户是 SMB 商户，同时因为行业特殊，无法在线上投放广告，所以我们主要用的是线下推广模式，如会议营销、发展服务商、代理商分销、政企合作、行业展销等。

在这个阶段，数据运营人员的工作主要如下。

❑ 客户数量统计：按渠道来源、行业、时间等维度来统计客户数量。

❑ 获客成本分析：计划不同渠道的获客成本。

在这个阶段的前期，我们发现有两个比较有效的发展 SMB 客户的渠道：一个是通过与政府合作，做会议推广；另一个是利用行业服务商推广，行业服务商有对应的圈子。（如我们提供开票服务，就会找做开票上游的支付服务商，这些服务商有大量 SMB 商户资源。）

2. 提高激活率

类似于 C 端产品，我们的产品注册是免费的，但商品或服务是要付费购买的，让用户从注册到付费，我们需要付出大量的推广和教育成本。我们的产品供用户注册使用，但并不能直接开出电子发票，需要用户去税务局申领电子发票，用户有学习成本和时间成本，大部分注册用户会在这一个阶段流失。这时我们用到了服务商激励政策，安排服务商去给商户培训，带商户到税务局开通相关功能。

在这个阶段，数据运营人员的工作主要如下。

❑ 关注激活用户数和注册激活率。注册激活率 = 激活用户数 / 注册用户数。关注不同时间、不同服务商、不同行业、不同区域（各地税局政策不一样）的激活用户数和注册激活率，找到不同行业的头部用户的典型案例，进行用户成功案例分析。同时在发展前期重点激励发展注册激活率高的服务商、行业、区域，培训中部，淘汰尾部的服务商、区域，顺势而为。

❑ 关注注册激活的成本。前期由于经验不足，按注册付费给服务商补贴，结果做了一两个月发现，注册商户多了很多，但激活没增多少，同时次月留存率低于 30%，注册激活成本极高。我们通过客服回访，发现服务商存在刷单行为，批量发展一些不活跃的商户来注册。于是我们将服务商拓客政策改为按商户激活付费 + 开票付费，有效打击了这些恶意"薅羊毛"的行为，新增激活用户的次月留存率也很快提升到 80% 以上。

❑ 注意注册不激活的原因。数据运营人员拉着直属领导（总监以上）组织产品经理、运营人员、客服人员、商务经理等同事成立问题专项小组，从市场、政策、产品、运营、客服等多个事件节点分析和处理，形成发现问题、分析问题和解决问题的闭环。

3. 提高留存率

商户每个月都要报税，因此我们把商户 1 个月不使用我们的产品开票视为流失，把商户在最近 1 个月有使用行为视为留存。在留存期内我们再定义活跃用户，将有关键动作——开票行为的商户视为活跃用户，按时间划分为日活、周活、月活。

在这个阶段，数据运营主要有以下工作。

（1）防止流失

我们定义 1 个月不用为流失，但 1 个月太久，经过统计分析，我们发现首日激活后，第 3 ~ 7 天不用的商户有 70% 以上的概率不会再用，第 7 ~ 14 天（次周）不用的商户有 95% 以上的概率不会再用，而最近两周都使用过产品的商户基本都会一直用下去。于是我们重点对流失商户进行了提前预警，把商户按留存或流失分为 0 ~ 2 天在用的活跃商户、3 ~ 7 天不用的问题商户、8 ~ 14 天不用的预警商户、25 ~ 30 天不用的准流失商户、30 天以上不用的流失商户。对商户进行分类后，让客服人员每周一对预警商户进行回访跟进，了解原因，根据原因组织专项小组改进，并用滚动邮件每周通报现状、问题、原因、改进进度。

解决了客户的激活和流失问题，客户留存自然变多，客户池就建立起来了。

（2）提升活跃

我们做的是 B 端产品，B 端产品更像工具，是帮客户解决问题的，不能为了让客户多使用工具就增加问题让客户解决。例如：不能为了让客户多使用我们的开票产品就让客户多开票。我们只能在选择客户的时候，优先选择开票多的行业的客户，把行业属性引入运营政策指导，鼓励服务商发展开票多的行业企业。于是我们把服务商补贴政策改为激活占 70% 收入，开票占 30% 收入，通过补贴政策来指引服务商选择多开票、活跃、高质量的客户，如酒店、餐饮行业的支付开票率和开票数就比超市、游乐行业的高，服务商开发的商户开票越多提成越高，而不再参考单一维度的新增开发商户数、激活商户数。

这时候，数据运营在数据上的工作是对开票活跃商户进行多维分析，每日通报开票排行，通报服务商拓展客户的数量与质量，分析补贴支出的回报，协助渠道运营人员和商务经理制定合适的服务商政策。

4. 获取收入

AARRR 中的获取收入环节为商业变现期的工作内容，不是市场增长期的主要行为，这一点参见 9.3.4 节。

9.3.4 商业变现期

对于商业变现，我们还处在探索阶段。为了加快变现，我们主要尝试做了以下数据产品设计和数据运营工作。

- ❏ 向 B 端用户推广金融广告：根据商户经营和现金流状况，建立 B 端商户画像和贷款评估，联合银行，在商户端为小微商户提供企业贷款入口。
- ❏ 向 C 端用户推广商家广告：设计规则型用户画像，根据用户的地址、消费类型、消费金额等在开票完成页进行相似广告推送，进行流量广告和效果广告测试。
- ❏ 付费功能设计：针对用户调研、用户使用数据情况，设计一些基础功能以外的增值功能。

9.4 数据运营的成功要素

总的来说，数据运营要想在公司做起来，可以参考以下几方面。

1）培养核心团队的数据意识：每周定期跟进重点问题，每日、每周有较大的数据波动时及时跟进原因，鼓励大家凭数据说话，为团队关键问题提供数据支持。

2）紧跟公司方向：数据运营的重点要切合公司方向，切中大家的需求，才能受到公司的重视。

3）组织协调与配合：数据运营在整体上依靠上层领导支持，在数据上也需要数据开发人员、数据产品经理做支撑，在执行上要联动运营人员、客服人员、商务经理、市场人员等一起来解决数据反映出的相关问题，同时经常会针对问题成立临时项目小组，做好组织保障。数据运营人员如果只是一个数据问题的发现者，没有推动解决问题的能力，是很难将数据运营落地的。

4）从小事做起，建立信任：在有数据的地方讲数据，在没数据的地方讲故事，在没故事的地方讲逻辑。数据运营也是运营的一种，在数据不全时，尤其考验数据运营人员的协调能力、逻辑思维能力和讲故事的能力。在开始时，一穷二白，没有数据，我们必须从某一个具体可改善的问题点出发，以一个具体的痛点为抓手进行突破，把它做好了，再一步步争取部门、同事、上级、公司的信任，再去征服星辰大海。

第三部分

数 据 驱 动

## 第 10 章

海量语音数据的文本转写、分析、挖掘与商业应用

文 / 程发林

以电话为服务和销售渠道的行业积累了大量语音数据，但是如何利用好这些语音数据，为客户提供更优质的服务，为公司创造更高的效益，成为这些行业的公司面临的一大难题。技术进步让我们能够较好地将语音数据转化为可处理的文本数据，进行挖掘并应用于业务的各个环节。特别是，随着市场 ASR（语音识别）技术的不断成熟，支持对海量录音数据进行智能化自动语音转文本、关键词检出、语速分析、静音分析、情绪检测等操作的核心技术产品相继出现，这些产品不仅大大提高了企业的质检效率，打破了人工质检的局限性，提升了服务质量与管理水平，降低了企业运营成本，辅助了业务经营决策，而且在企业服务客户和销售的过程中，帮助企业及时调整服务策略，改进不合规服务过程，起到了很好的风险控制作用。

在此背景下，产生了一系列具体的问题，比如：

- 如何将客户的通信请求精确地导向客服人员，从而提高客服人员的处理速度和订单的准确性？

- 如何根据区号或个性化标签为新客户分配客服人员，并呈现相应的服务语言引导，从而提高服务质量？

　　❑ 如何对海量的呼叫通话进行全面质检和风控，并推荐优质服务语言？

　　这些问题也是笔者所在集团（以下称作"集团"）亟待解决的问题，是本章要重点回答的问题。本章主要基于体重管理与减肥相关行业的项目进行阐述。

　　数据产品经理在项目中承担着什么样的职责？首先，要充分挖掘当前业务过程中的痛点，评估项目能否解决这些痛点，也就是做项目的可行性分析；其次，要基于业务痛点梳理出需要实现的功能列表，帮助公司提升效率；再次，要结合非结构化的文本数据进行挖掘和探索，丰富客户的特征，并应用到更多的相关业务过程中（如智能服务语音推荐、智能匹配客户），以提升公司效益；最后，要对整个项目进行复盘，评估产生的效益和项目中的问题。

　　基于上述项目背景，本章讲解的主要内容如下：

　　❑ 项目的特色和创新点（让我们在整体上较清晰地认识项目）；

　　❑ 项目的研发目标，也就是我们要实现什么；

　　❑ 在实现研发目标的过程中的关键点及难点；

　　❑ 整个项目的技术实现过程；

　　❑ 基于技术实现的成果，我们做了哪些智能化应用；

　　❑ 项目复盘，总结解决了什么问题，收到了哪些效益。

10.1　项目特色

　　整个项目的特色在于：将大量传统的音频文件转换为更容易处理的文本文件，并抽象出可具体应用的数据，拓宽了数据的宽度，让数据探索的面更广；结合实际业务问题，基于文本数据的挖掘，让集团的效率和效益都得到了提升。

　　（1）语音转换与语义解析

　　基于通信连接分配方法及其自研系统，智能转写客服呼叫电话通信内容，并将通话语音转换为文本，以期作为集团内部培训用的服务语言，从而大大提升客服成交率。特别是，客服呼叫智能语音大数据管理系统对致电标识码进行智能识别，并分配给归属地一致或个性化标签的对应客服座席，然后进行无差别语义解析，并通过聚类运算直接得到客户的核心咨询问题，使前线客服能够及时准确地为客户答疑解惑，进一步提高服务质量和工作效率。

（2）将海量语音文本分析应用到海量呼叫细分领域

将海量呼叫的录音文件转写成文本，对文本进行多维度质量分析，实现重复来电及来电原因分析、竞争情报提取、通话焦点捕捉、客户情绪识别、违规内容识别及多维交叉分析，为日常运营提供数据支撑，从而实现智能化的全面质检。

利用重复来电及来电原因分析，可以分析出来电较多的业务类别，分析并诊断原因，发现业务问题，同时也可结合客服已定义的服务请求对人工来电进行自动分类展现。

利用竞争情报提取，可以筛选出涉及竞争对手的录音进行专门的测听，分析竞争对手的业务情况及其对自己客户的影响，并制定相应的服务策略。

利用通话焦点捕捉，可以筛选出客户提及频率较高的关键词，进而分析出客户比较关注的业务，获取客户需求，然后有针对性地提高产品品质，满足这些客户需求。

利用客户情绪识别，采取不同的沟通手段和方式提高客户满意度。

利用违规内容识别，可以规范业务人员言行，提高客服人员专业水平，打造一支专业化服务团队。

利用多维交叉分析可以发现潜在的业务风险点和规律，不断改进企业经营策略和风险控制方案。对于分析结果，重点关注其中占比较高的，进行钻取测听，分析具体原因；如果后期有客户使用，可以考虑提供钻取测听、关注、批注、导出报表等功能，以满足日常运营分析工作的需要。通过分析客户的个性化行为特征、挖掘客户的潜在需求，准确调查客户对业务的满意度，进而制定有针对性的业务和服务策略，主动改进服务方式，进行符合客户需求的主动性服务和营销，以贴近客户期望，提升客户满意度。

（3）将关键词检索应用到海量通话解析文本中并进行挖掘

将关键词检索应用到海量通话解析文本中，通过关键词搜索结果的分析、归类、汇总和数据挖掘，及时发现和了解当前服务中存在的热点和商机，为集团客服呼叫中心的营销分析和运营管理提供数据基础和决策参考，从而进行准确的主动性营销和针对性营销，为创造服务价值打好基础。

10.2　研发目标

该项目的研发目标是：通过统一的号码将客户接入，然后经过客服呼叫智能系统识别、分辨客户归属地或个性化标签，并将客户通信请求准确分配至与其归属地或个性化标签一致的客服人员，同时呈现相应记录、话术和个性化标签等，使客服人员能够为客户提供精准的咨询、购买服务；后台启动语音录制、缓存，并根据对话内容，通过全量转写系统将海量语音汇总成文本信息进行全面质检，分析每一通电话的内容，挖掘出最佳话术并推荐给全体客服人员使用，从而提高服务质量和成交率。在将大数据技术、系统管理软件等运用到细分领域的业务过程中，不断提高客服服务水平和客户体验，精准掌握客户需求，抓住体重管理行业的发展趋势，提升行业发展动力，从而打造高效的广义电商客服呼叫服务标杆企业。

1. 语音分配及存储

让客户通过手机等通信终端，利用统一的标识号码接入客服呼叫智能语音大数据管理系统。系统在接到客户的通信请求后，获取来电号码或标识码（如QQ 号码），并将该客户分配到与其归属地或个性化标签相对应的客服工号进行通信。对所有通话内容进行录音，并存储到指定目录。

2. 语音转换

将 BRM（业务规则管理系统）所使用的关系型数据库与语音系统进行对接，从中提取所需的客户信息、职员信息、部门信息及电话服务随路信息（通过电信业务信道本身或始终与其相关联的信令信道进行传送的一种信令方式所获取到的信息，即监视线上的呼叫状态的信息），并根据随路所记录的文件信息，从集团提供的 FTP 服务器中提取录音文件进行转码，且以 HTTP 服务接口的方式将转写的信息导入能力平台；能力平台接收到通知信息后开始转码，转码完成后通过 BRM 系统提供的回调服务接口进行回调，具体由全量转写系统来实现转写并将转写的信息存储到质检系统。

3. 智能质检等智能化应用

通过构建语音数据质检模型，对转写后的海量文本数据进行梳理、分析和建模，为质检人员提供基于单通录音的智能分析结果，实现集团的全面质检。

具体内容有两方面：其一，运用语音转写、自动分类、语义理解等多项技术开发出一套语音质检系统，以提高通话质检的工作效率，扩大抽样覆盖范围，同时提升质检结果的一致性、客观性；其二，为业务分析人员提供基于海量通话内容的有效分析手段。语音质检系统要实现录音文本的内容聚类、趋势分析、交叉分析等业务功能，提供准确的数据报表、图形化展示等具体的应用。本项目主要是为了实现由通话到录音，由录音到文本，由文本到语义质检、关键词检索、优质服务语言推荐、智能匹配客户顾问等功能的全流程智能管理系统。

10.3　关键点及难点

确定了研发目标后，就要知晓实现这个目标有哪些关键点和难点。整个项目过程中，关键点是进行集团每天几万通电话的全面质检、服务优质话术推荐及智能客户匹配，从而实现最佳的客服效果和智能化的语音处理流程。

首先，要实现让客户通过手机等通信终端利用统一的标识号码接入客服呼叫的分配算法，将客户分配到与其归属地或个性化标签一致的客服工号进行通信。

其次，需要实现通话双方语音识别，将客户录音与客服录音隔离分析，然后将客户和服务人员的录音转写为文本，并运用文本挖掘、聚类和分类算法，实现对语音通话的分类及对客服违规内容的识别，提升质检的覆盖率。

最后，对海量文本数据进行索引和存储，分析及挖掘对集团有用的信息，以系统功能的形式提供给集团质检人员和客户服务人员，并结合模型抽象出客户标签，应用在优秀服务语言推荐和智能客户分配上，以提升客服的质量和转化率。

另外，项目过程中也存在难点，主要体现在以下两方面。

其一，质检规则的确定和优化。这是整个项目中一项耗时且很有难度的工作，需要我们详细梳理出实际业务过程中的相关质检规则，并抽象出符合系统规则的正则表达式，然后基于语音转写后的文本进行匹配，优化和提升质检规则的覆盖率、命中率和召回率。

其二，ASR模型的优化。这是另一项难点，不同公司的行业背景及人员素质存在较大差异，为了让系统个性化地识别每个公司或行业的专业术语及非标准普通话，达到最优的识别准确率，需要花大量的时间标注和训练模型。

10.4 技术实现过程

在实际的电销业务中，一个客户电话打进来后，系统会通过呼叫中心系统将其接入，通过优化后的 ASR 模块将语音内容转化为文本内容，再通过 NLP 模块进行语音质检、客户情绪识别、客户意图识别、服务语言推荐等，同时，将数据结构化并同步到其他业务系统。

目前集团通过人工客服对大部分客户咨询的内容进行回答，整个智能语音系统主要为客服提供智能决策数据，以提高客户满意度及成交率，后面再基于语音转文本后的数据进行相关应用。

10.4.1 技术架构

采用录音文件全量转写子系统，实现与集团正在使用的 CRM 系统对接，从 CRM 系统的 SQL Server 数据库中提取所需的客户信息、职员信息、部门信息及电话服务随路信息，并根据随路信息中记录的文件信息，从集团的 FTP 服务器中提取录音文件，进行转码和并行转写处理后，提交给质检分析服务进行质检和分析。

采集到录音后，通过语音转写能力平台提供的 HTTP 服务接口将转写请求发送到该能力平台；该能力平台接收到通知信息后开始转码，转码完成后通过语音质检系统提供的回调服务接口进行回调。录音文件全量转写系统接收到该消息通知后，将转写结果随同随路数据提交到智能语音质检系统。

语音系统的架构如图 10-1 所示，其中有两个系统：智能语音全量转写系统和智能语音质检系统。智能语音全量转写系统为非可视化系统，主体功能是完成对外系统的数据采录、数据加工、语音转码、语音转写及数据匹配和过滤等步骤，将采集数据通过智能语音质检系统的服务接口标准化后提交给该系统保存备用。智能语音质检系统为可视化系统，主要提供对语音数据的质检和分析功能。在质检方面，提供工单审核、任务评分和统计等功能；在分析方面，支持对数据的全文组合检索服务与展现，支持以采集数据为基础，根据各种规则配置、过滤条件等进行组合搜索，提供热词分析、交叉分析、服务质量分析、客户情况分析等分析功能，还提供专题聚合分类等功能。

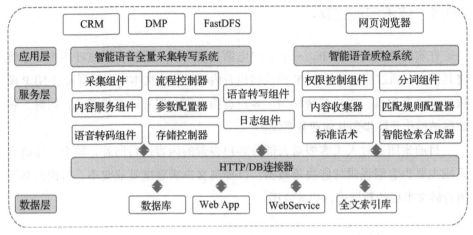

图 10-1　语音系统架构

10.4.2　ASR 模型优化

基于上面的技术架构，集团为了将行业知识、经验及顾问语音的发声特点融入通用语音转写模型，形成了本章所涉及行业的语音识别系统。

科大讯飞、阿里巴巴、百度等公司都推出了自己的语音转写服务。经过调研发现，这些语音转写服务对于普通话语料的识别准确率较高，而对于非标准普通话、特定行业专有名词等的识别准确率要低得多。为此集团成立了专门的研发团队（笔者为该团队成员），在现有已知普通话转写模型中加入行业语料库进行训练，形成了集团语音转写模型。

我们主要从两方面进行模型优化：一是声学模型优化，二是语音模型优化（见图 10-2）。我们提取了集团普通话不太标准的顾问的通话数据，进行声学标注和语音语义标注，形成具有集团顾问特点的声音数据集和语音数据集，最后将这些数据应用到语音转写算法中。优化前，各大公司语音转写模型对集团语音数据的转写准确率约为 70%；优化后，转写准确率提升到 80%。这些数据已经被应用到实际业务中。

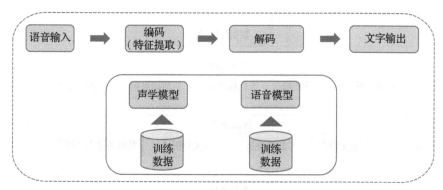

图 10-2　语音转写模型

10.4.3　系统构成

基于上述技术架构和模型优化，最终形成整个语音质检系统，见图 10-3。

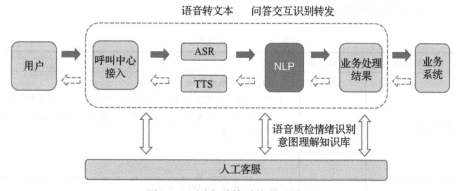

图 10-3　语音质检系统处理流程

语音质检系统业务架构如图 10-4 所示，下面来介绍其中的几个核心模块。

1. 质检规则

我们将集团实际的质检规则，抽象为具体的正则表达式，再结合质检模型判断每一通电话中的违规情况。

质检规则的确定和优化是整个项目中一项很耗时的工作，需要我们详细梳理出实际业务过程中的相关质检规则，并抽象出符合系统规则的正则表达式，然后基于语音转写后的文本进行匹配，训练质检规则的覆盖率、命中率和召回率。

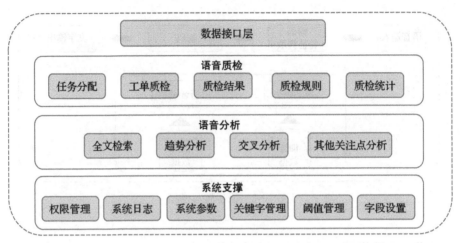

图 10-4　语音质检系统业务架构

表 10-1 给出了部分质检规则的样例，这些样例主要由一些关键词构成，会结合语境来判断是否违规。

表 10-1　质检规则样例

规则名称	所属规则集	内　　　容
草率销售	质检双方	{ "pattern_草率销售"： 　{ "lexicon_不太好"：["不太好"，"有问题"，"有毛病"]， 　　"lexicon_不正常"：["不正常"，"比正常人跳得差"，"慢一些"] 　} }
索要客户联系方式	质检双方	{ "pattern_索要客户联系方式"： 　{ "lexicon_给你打过去"：["给你打过去"，"给您打过去"，"给您打电话"]， 　　"lexicon_电话号码"：["你给我另一个电话号码"，"报一下电话号码"，"加微信"] 　} }

具体的规则匹配流程如图 10-5 所示。

2. 工单质检

1）质检语音搜索功能。系统根据质检规则和质检模型，自动标识存在违规风险的录音。可以根据各种查询条件，查询被判定为违规的录音范围数据，见图 10-6。

图 10-5 规则匹配流程

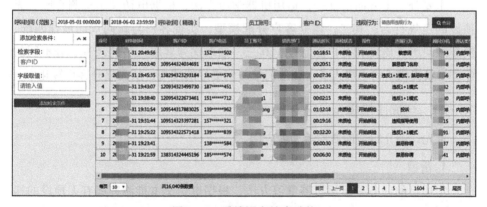

图 10-6 质检语音搜索功能

2）调听录音文件。对筛选出的存在违规风险的录音进行调听，并对系统检测出的违规规则进行人工确认，反向优化质检规则，提升准确率，见图 10-7。

3. 质检统计

主要针对质检人员复核效率数据进行统计和监控、录音转写效率统计和监控、违规等维度（不同质检规则、不同地区、违规风险严重性等）的统计及分析。

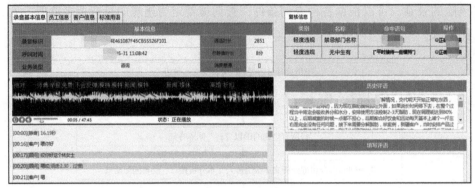

图 10-7　质检人员抽检调听界面

10.5　对语音识别出的文本数据的应用

在上述实现过程中，我们通过语音识别将原始录音转换为可处理的文本数据。那么，如何将这些繁杂的文本数据应用到具体的业务过程中，让我们的效率和效益最大化呢？

主要分三个方向：其一，运用机器学习方法，根据电访文本推测客服有无预设的违规行为；其二，建立客户分配模型，实现客户与顾问双向最佳匹配，提高顾问服务质量和客户满意度；其三，抽取优秀客服人员的录音，分不同的业务场景提供给初中级人员，让他们学习到更好的技巧，从而提升客户转化率。

10.5.1　全面质检模型

首先详细介绍全面质检模型的应用。

1. 背景

本项目的任务是运用机器学习方法，根据电访文本推测客服有无预设的违规行为，本质上是一个多类别的多标签文本分类任务。这里的多标签指的是一条电访文本可能同时违反多种规则。

由于同一条电访文本可能同时违反多种规则且各个规则之间存在着不同的角色依赖（有些违规只需要检测 AGENT 的文本就能进行判别，有些违规则需要同时检测 AGENT 和 USER 的文本才能进行判别），难以使用同一个模型对数据进行建模，因此，我们将多类别的多标签文本分类任务简化成多个二分类任务，即为每个违规规则都训练一个模型来预测电访文本是否违反该规则。

2. 数据准备

选用日常记录的违规数据作为总语料。数据详细信息如表 10-2 所示。

表 10-2　数据详细信息

违规类型	总量	正类数量	负类数量
敏感词	19 732	8703	11 029
夸大后果	1764	663	1101
过度承诺效果	2211	719	1492
违规指导使用	1562	335	1227
投诉	2204	936	1268
服务态度生硬/恶劣	1256	216	1040
透明营销	867	321	546
威胁客户	19	6	13
……	……	……	……

数据划分的主要目的是通过选择合适的负样本集来提高训练集的质量，并对模型结果进行验证。为了确保正负样本划分的准确性，在检测数据是否违反违规类别 x 的任务中，我们只将集团质检模型检测出的违反违规类别 x 的所有数据作为数据集，其中人工复核结果为 1 的数据为正样本（用"＋"号标记），人工复核结果为 2 的数据为负样本（用"—"号标记）。图 10-8a 表示的是真实数据分布，图 10-8b 和图 10-8c 代表两种数据划分方式，其中图 10-8b 表示将数据集中未知数据视为负样本，图 10-8c 是我们采用的数据划分方式，即把未知数据丢弃。

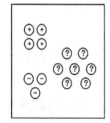 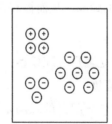 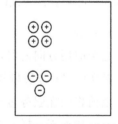

a）真实数据　　　　b）将未知数据视为负样本　　　c）丢弃未知数据（选用）

图 10-8　数据划分方式

3. 模型实现

使用结巴分词对文本进行分词，仅使用自定义词典。自定义词典中有部门名称、药物名称、关键词等。

特征选择及特征表示。特征选择及特征表示的目的是对原始文本进行降维去噪。我们可以将分词之后的整个词典作为原始特征空间，但是其中充斥着很多噪声，因此我们需要对原始特征空间进行去噪。根据特征权重（BDC、DF或TF-IDF）对词进行筛选是一种可选的去噪方法。实验中我们选用的是基于BDC的去噪方法，因为BDC能够反映出词对类别的贡献度。一个词的BDC值越高，说明它具有的类别区分能力越强。BDC的这个特性能够帮助我们挑选出类别区分能力强的重要特征。具体做法是，先求出词典中每个词的BDC值，选择值落在某个区间的所有词作为新特征空间。特征值选用的是BDC、TF、TF-IDF、TF-BDC、TF-IDFBDC。经过这一步，我们就能得到文本的向量表示。

根据集团提供的质检规则，我们了解到，一些违规类型只依赖于AGENT的文本，另一些违规类型则依赖于AGENT和USER的文本。因此我们的模型会根据违规类型决定选用哪些角色的文本作为模型的原始特征空间。

我们可以使用XGBoost、线性SVM和LightGBM等模型进行训练。

4. 模型试验结果

我们对敏感词、部门名称、禁忌称谓等违规类型都进行了实验，目前实验效果较好的违规类型有敏感词、部门名称和禁忌称谓。

10.5.2 智能匹配客户

第二个应用方向是结合从语音转写的文本中提炼的客户标签及CRM信息，在新客户进来后，为其匹配合适的顾问，从而提高新客户的成交率。

1. 背景

这个应用方向的目标是：建立客户分配模型，实现客户与顾问双向最佳匹配，提高顾问服务质量和客户满意度。

以前集团在服务客户时，客户分配到的顾问是随机的，这样就造成因为顾问的专业特长不一样，客户的体验有所区别。为此我们建立了类协同过滤算法模型，将成交率提高了5%，让客户更认可我们的专业服务。经典的协同过滤算法都是基于客户是否喜欢或者客户评分来构造稀疏矩阵的，客户分配模型则是基于统计规律构造稀疏矩阵的。

2. 模型实现

首先建立客户模型（见图10-9），通过一系列属性来刻画客户，再采用集团

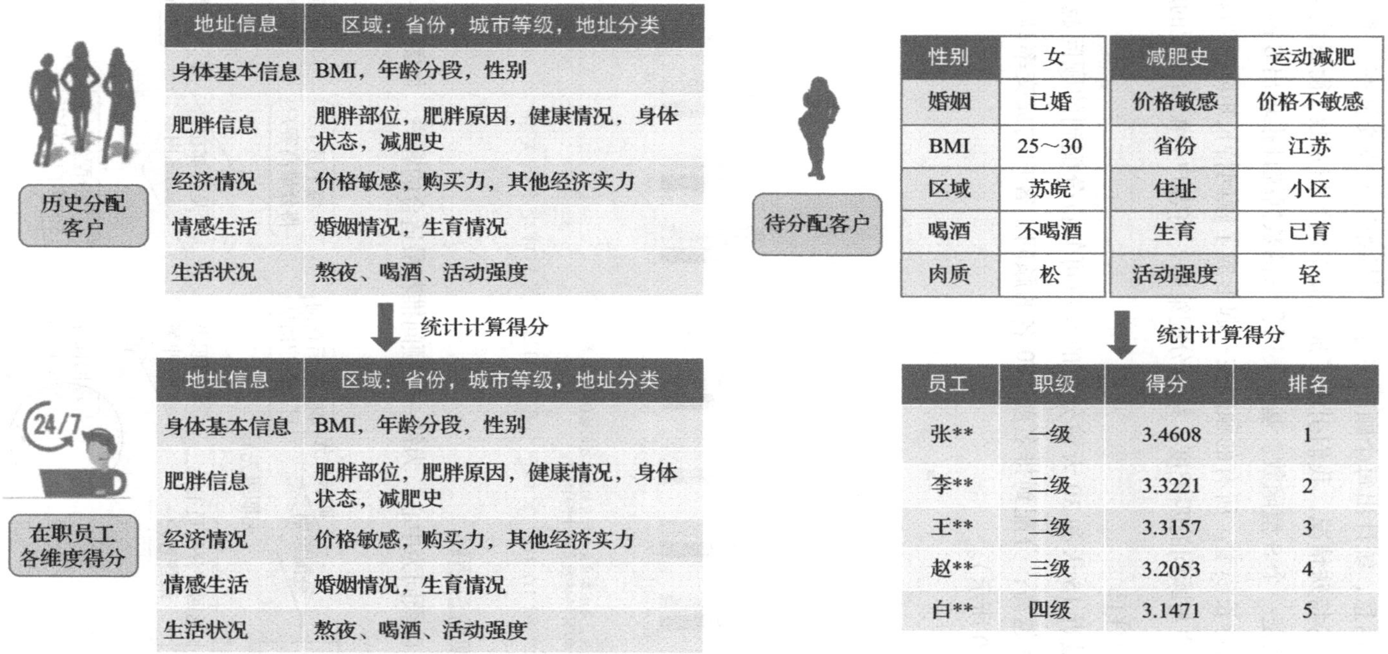

性别	女	减肥史	价格敏感	运动减肥	价格不敏感
婚姻	已婚	省份	省份	江苏	
BMI	25～30	住址	住址	小区	
区域	苏皖	生育	生育	已育	
喝酒	不喝酒	活动强度	活动强度	轻	
肉质	松				

统计计算得分

员工	职级	得分	排名
张**	一级	3.4608	1
李**	二级	3.3221	2
王**	二级	3.3157	3
赵**	三级	3.2053	4
白**	四级	3.1471	5

待分配客户

地址信息	区域：省份，城市等级，地址分类
身体基本信息	BMI，年龄分段，性别
肥胖信息	肥胖部位，肥胖原因，健康情况，身体状态，减肥史
经济情况	价格敏感，购买力，其他经济实力
情感生活	婚姻情况，生育情况
生活状况	熬夜，喝酒，活动强度

历史分配客户

统计计算得分

地址信息	区域：省份，城市等级，地址分类
身体基本信息	BMI，年龄分段，性别
肥胖信息	肥胖原因，健康情况，身体状态，减肥史
经济情况	价格敏感，购买力，其他经济实力
情感生活	婚姻情况，生育情况
生活状况	熬夜，喝酒，活动强度

在职员工各维度得分

图 10-9　客户模型

积累的客户成交信息，统计出每个顾问在各个属性维度的成交概率。考虑到冷启动和新顾问入职等特殊情况，我们引进了成交概率的置信系数（衡量成交概率的可信度），此系数是一个 S 型函数。基于集团积累的数据统计推理出 S 函数的超参数，形成顾问的特长模型。所有的顾问在一起形成了顾问特长矩阵。当新客进来的时候，计算客户与顾问的匹配度，结合分配策略，将客户分配给匹配的顾问。

3. 模型效果评估

通过观察最近 15 天和 30 天被分配的客户可知：分配到的顾问越靠前的，客户的成交概率越高；分配到排名前 500 名的顾问，客户的成交率高于平均成交率（如图 10-10 所示）。

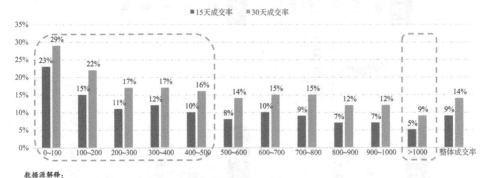

数据源解释：
1. 将客户特征代入分配模型，每个客户会对所有的分配顾问进行得分计算；
2. 计算该客户实际分配的顾问得分在所有顾问中的排名。

图 10-10　客户已分配顾问排名段与成交率的关系

4. 实际实现分配逻辑

分配方案：以顾问为中心，为每一位顾问推荐最适合的客户，如图 10-11 所示。

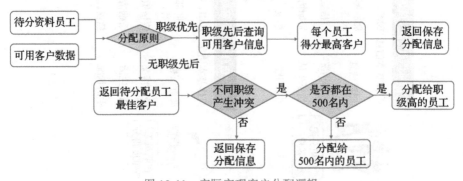

图 10-11　实际实现客户分配逻辑

10.5.3　智能服务语言推荐

第三个应用方向是提高非优秀顾问在与客户沟通的过程中的服务语言水平，让其从更专业的角度为客户提供更好的服务。

1. 背景

经过海量语音全面转写及客户顾问智能匹配之后，集团对海量文本进行分析，筛选出特定场景下的优质语音，并在顾问与客户电话沟通的过程中，在操作界面中进行智能优质服务语言推荐，帮助顾问更顺畅地与客户沟通。

2. 数据准备

具体实施如下：每日定时获取客户通话记录，通过关注点和客户标签识别模型，提取客户标签（应为 10 个以上）和关注点（应为 15 个以上）；若已存在客户信息，则对这个客户的标签进行更新（如图 10-12 所示）。

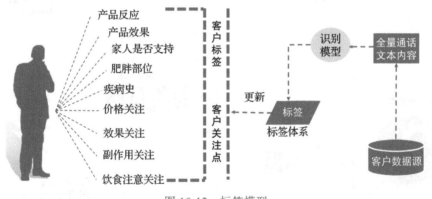

图 10-12　标签模型

定期获取优秀座席的通话，对他们成单的通话进行话题点标注，将通话的 ID 和识别到的话题点（应为 25 个以上）存到数据库中，作为话题点推荐的训练数据（如图 10-13 所示）。另一部分产出为识别到的优秀服务语言和对应的关键词，每一句话会附带一个话题点标签。

3. 模型实现

对于语音转换后的文本数据，利用词聚类算法，每日定时获取前一日通话的文本数据，识别客户的关注点和标签，并结合优秀服务语言库，输入话题点推荐算法中计算，最终预测下一次与客户通话时应该说哪些话题点（其中用到了词聚类算法），见图 10-14 和图 10-15。

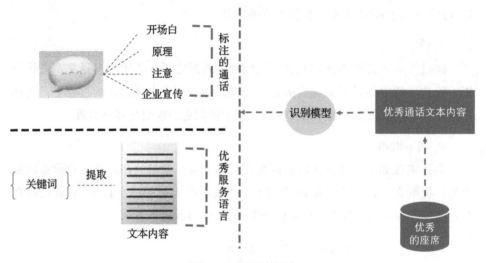

图 10-13　识别模型

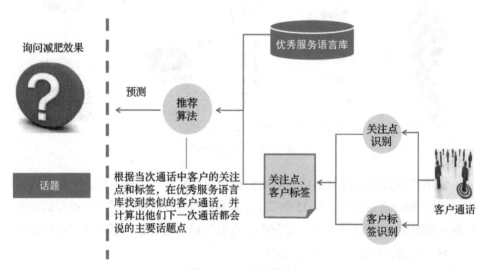

图 10-14　预测话题点

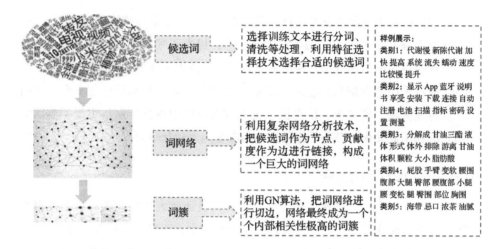

图 10-15　词聚类算法

10.6　项目效益

海量录音解析及转换项目提升了客服及销售人员的服务水平，提高了呼叫质量，进而帮助企业拓展市场，提高市场占有率，增加销售收入，同时可以为企业降低运营成本，提升风险控制能力，实现企业效益的最大化。

10.6.1　经济效益

整个项目投入 10 多个人，从调研到项目稳定，耗时近一年。项目获得的经济效益有直接经济效益与间接经济效益两部分。

1. 直接经济效益

项目的直接经济效益包括集团因此增加的收入和降低的成本。

☐ 增加收入：提升了客服人员的服务水平，更有效地促进了客户成交，直接增加了企业收入。

☐ 降低成本：极大提升了质检的效率，在减少人员投入的同时，提升了质检覆盖率。

2. 间接经济效益

通过项目的实施，集团得到了以下三方面的间接经济效益。

❑ 将集团原来分散的业务进行综合与统一，取得了企业规模效益。

❑ 全面提升了企业顾问的客户服务水平，提高了呼叫质量，推进了企业管理的科学化和规范化，规范了业务流程，减少了业务操作的随意性。

❑ 通过采用全面信息化管理，借助于先进的管理工具和信息化平台，集团将业务流、资金流、信息流、资源流进行集中整合管理，实现了集团资源利用最大化，提高了集团的市场应变能力和竞争力。

10.6.2　工作方式的改变

原有的工作方式：质检工作主要由售后人员通过人工抽取部分录音或者根据客户投诉筛选录音来调听。也就是说，以听为主，不仅工作量大，覆盖面窄，也不能快速有效地分析客服人员存在的问题和风险，无法提高客户服务质量。

改进后的工作方式：智能语音质检系统通过将所有录音转换为文本，能够快速对所有文本内容进行分类，并结合系统质检规则和人工评语对文本进行质检，提高了质检的覆盖面和效率；进一步通过文本分析等功能及时发现服务中存在的问题、客户关心的热点等，可以将客户服务水平提高到新的高度。

10.6.3　语音转文本数据的深度挖掘

客户标签及客户画像：在原有业务过程中的结构化数据基础上，从语音识别的文本信息中，提炼更多客户、产品、服务、风险等方面的数据，为我们更全面地了解客户、服务客户、把控集团整体风险起到关键性作用。

智能服务语音推荐：根据大量服务过程语音及后续的转化效果，结合数据挖掘，抽取更为优秀的服务语音，提升整体的客户服务质量及转化率。

此外，还可以结合集团的实际业务，将语音转文本数据应用在智能客户分配及投诉风险控制等方面。

第11章

提升网约车安全性的数据化解决方案

文 / 赫子敬

网约车想必大家都不陌生，通过互联网的形式私家车得以共享，不仅提高了交通出行的资源利用率，方便了很多白领在偏远地区或者在夜晚叫车，还让很多私家车主多了一个赚取外快的渠道。然而，看似完美的业务背后却隐藏着极大的风险，这就是本章要探讨的网约车安全问题。

笔者曾担任某大型网约车平台早期的核心安全业务线数据负责人，本章将通过笔者的视角看看网约车存在哪些安全问题和挑战，以及我们当时采用的解决思路和方案，最后从宏观上展望未来交通安全会是什么样子。此外，还会横向思考安全这种业务对于企业来讲意味着什么。

需要说明的是，本章是对平台早期安全情况的简述，有些细节不便公开，并且当时的安全策略也与当前有所区别，所以本章内容仅作参考。

11.1 出行安全的背景

大家日常的出行场景有很多，甚至多到我们已经对出行安全问题有些麻木了。出行安全问题真的有那么大吗？我们来看两个数据：世界卫生组织 2018 年12 月发布的《2018 年全球道路安全现状报告》指出，全球每年因交通事故死亡的人数有 135 万；而国家统计局官网的数据显示，中国每年约有 6 万人死于交通事故。这些数据可能很难给你一个直观的感受，我们来做个对比。澳门人口为 60 多万，也就是说，"中国过去十年因交通事故死亡的人，有澳门一个城市的人口数那么多。"这是我们领导在给我们讲授安全知识时说过的让我印象最深的一句话，它深深地触动了我，让我真正意识到我们所做的工作有多大的责任和价值！

11.2 网约车安全的定义

在业务上，网约车安全可分为两类，一类是交通安全，另一类是司乘安全。从平台的角度看，这两类安全是不一样的，并不完全对等，甚至在平台的不同发展阶段各有侧重。这里涉及一个非常重要的衡量安全的属性，就是风险承担能力。比如得了流感，我们通常不会太紧张，因为这种风险我们完全可以承担；而癌症是非常危险的，是难以承担的风险。同样，对于这两类安全问题，企业也会有两种不同的风险承担能力。问题往往难以避免，安全工作的意义就在于把控风险，将损失降到可接受的范围内。

11.2.1 交通安全

笔者当时所在公司内部将交通安全事故定义为在订单行车过程中出现的交通事故。我们的事故类数据可信度极高，因为我们会派专人跟进后续的理赔等流程，从而确定事故的一些详细情况，获取一手数据，比如人员伤亡情况、事故具体位置、道路类型、时间点、事故类型（是侧翻、正撞还是追尾），以及司机是否疲劳驾驶或酒驾等信息。通过这些事故数据，我们能直接计算出网约车的事故率和死亡率。那么究竟乘坐我们的网约车是否安全呢？我们来对比一下出租车和网约车的亿公里死亡率（数据来自应急管理部信息研究院 2019 年发布的《中国网约车安全发展研究报告》），如图 11-1 所示。

中国拥有世界上规模最大、数量最多的道路交通运输网，道路错综复杂，并且随着近些年中国经济的快速发展，汽车的保有总量也在飞速上升。这些都会导致交通事故率上升。在这种背景下，国内的出租车亿公里死亡率为 0.36，而网约车的这一数据是 0.26，相比出租车低 28%，可见网约车的总体交通安全程度要高很多。这要归功于大数据技术在交通行业的应用，我们会在 12.3 节详细介绍相关内容。

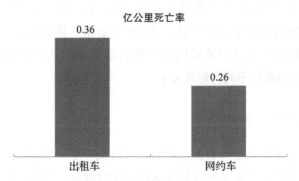

图 11-1　出租车和网约车的亿公里死亡率对比

11.2.2　司乘安全

司乘安全主要是指司机和乘客的人身安全。比如在订单过程中出现了争执、辱骂甚至有肢体上的接触和动作并造成一定伤害的，我们会将其归为司乘安全问题。其实司乘安全问题中的恶性刑事案件在平台上并不多，造成亡人事故的情况与交通安全事故完全不在一个数量级上，但这种司乘安全问题会给平台造成更大的负面影响。这与大众对安全的认知息息相关，一般人直觉上会认为交通安全完全属于司机的个人驾驶问题，而司乘之间发生冲突是因为平台没有管理好司机，平台应负主体责任。尤其是一些恶性的刑事案件，让人触目惊心。可见司乘安全问题虽然数量少但风险极高，一旦发生，会对整个平台产生巨大的负面影响。

11.3　安全解决方案的制定

交通安全、司乘安全这两种安全业务的形态和特点是不同的。在交通安全方面，我们的数据是全面的，无论是事故前的司机驾驶行为数据还是事故后的事故形态数据我们都能掌握，所以数据链路是通畅的、全面的，这一点对于后续的解决方案有很重要的支撑作用。而司乘安全数据主要来源于客诉的进线数据，是一条条的描述性文本。我们提取这些文本的关键信息并将其进行结构化处理，转换成行为数据标签，从而统计各类行为。这种客诉数据是用户的主观反馈，很多带有夸张的情绪化色彩，所以我们对客诉数据进行了分级，将确认有很高风险的问题放入重大事件处理流程，由专人一对一跟进处理。每年真正确认出现重大问题的事件是极少的。司乘安全数据的特点是数据质量较低，真实案件极少，但单个案件可造成的负面影响极大。对于不同特性的安全业务，我们会有针对性地设计不同的解决方案。

11.3.1　交通安全解决方案

我们认为交通安全是有数据基础的，所以梳理了一套以数据驱动为核心的解决方案制定流程。首先了解问题的成因并定位问题，然后根据这些问题设计可以量化的指标并找到抓手指标。这里有几点细节需要注意：第一，核心指标的计算规则必须客观且与目标问题有直接关系；第二，数据源的数据质量要足够高；第三，要考虑核心指标的拆解和细化，要将核心指标拆解到可以落地的业务级别（因为一般的核心指标都不能落地）；第四，考虑这些拆解指标是否实用，需要确认我们制定的方案和策略对抓手指标确实有直接影响；第五，需要评估具体方案的可执行性与执行成本。

1. 事故成因拆解

交通事故的发生是多维度、多因素的结果。在梳理解决方案时，我们首先要确认事故的成因大体有哪些，最好能确认哪种因素对事故的影响最大。相信这一点很好理解。我们先要看能否解决最主要的问题，并在策略上有所侧重，进行点对点的重点突破。

事故的成因大致有四种：人的因素、车辆因素、道路因素以及其他外界因素。这些是出行业务场景客观存在的影响因素。除了这些，还需要结合企业本身网约车的业务属性，也就是手机与司机、乘客的交互。这种机制给了我们主动影响司机和乘客的机会，我们称之为安全教育。

图 11-2 是我们对于事故成因的指标拆解过程。

细节因素的拆解如下（由于细节因素过多，这里只挑重点进行描述）。

❑ 人口属性：司机的年龄、驾龄、性别，是否有违法违章记录，受教育情况等。

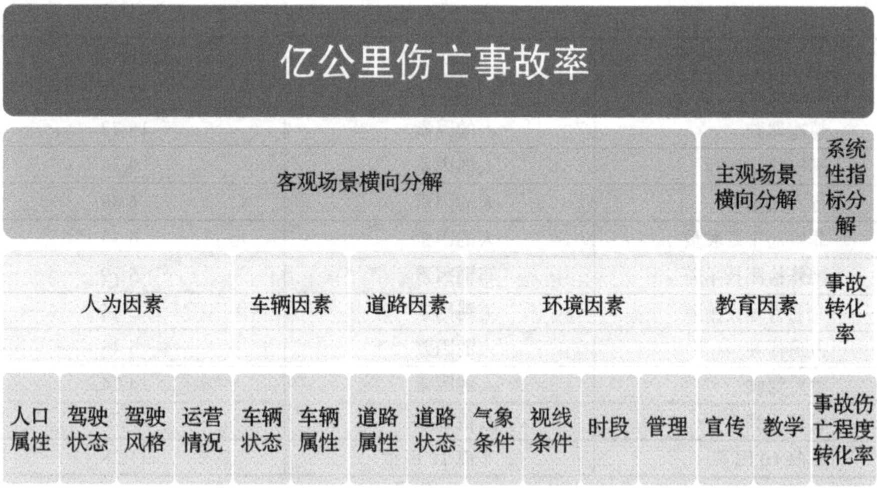

图 11-2 事故成因指标拆解

- **驾驶状态**：是否有酒驾、接打电话、疲劳驾驶、分心驾驶的情况，驾驶姿势是否正确等。
- **运营情况**：是否在节假日出行高峰，是否属于长途跨城，是否熟悉路况等。
- **车辆状态**：车辆是否有系统故障，是否属于改装车，是否超重，是否为非轿车类型等。
- **道路属性**：车流情况，是否过于密集或稀疏；道路类型，是否有车辆混行情况，道路是否老旧，标志和信号灯是否清晰，是否属于事故多发道路等。
- **气象条件**：是否有雨、雪、雾等天气，是否逆光。
- **时段**：在不同地域、不同时段会有不同的路段和事故特性。
- **管理**：交通法律法规，是否为无证驾驶、酒后驾驶等。
- **宣传**：主题宣传活动、线上线下安全答题教育、安全预警提示等。
- **事故伤亡程度转化率**：最安全座位的研究，是否系安全带等。

我们可以将影响事故的成因拆解得很细，以便于找到可落地的策略。但拆解得过细也有问题，这会让人产生疑惑，到底哪个才是最主要的影响因素。我们查阅了一些研究论文，在《我国道路交通事故成因分析及预防对策》一文中找到了各种事故影响因素的权重，见表 11-1。

表 11-1　事故影响因素的权重

事故成因	成因分类	重要程度
无证驾驶	人的因素	22.43
超速驾驶	人的因素	18.77
不按规定让行	人的因素	9.24
行人及乘客	人的因素	6.69
非机动车驾驶员	人的因素	6.19
维修检测技术差	车辆因素	5.79
交通管理设施差	道路因素	5.66
占道驾驶	人的因素	5.46
酒后驾驶	人的因素	4.74
管理不到位	其他因素	3.75
非前 10 因素	非前 10 因素	11.28

通过简单计算可知，人的因素占比超过 73%，其他因素加起来还不到 27%，差异巨大。但从制定解决方案的角度来看这是十分有利的，因为人的因素相对容易管控。虽然有了一些行业数据，但我们没有直接采用，毕竟这些并不是网约车本身的数据。为了进一步确认各种因素的权重，我们使用了我们的事故数据，并采用了 GBDT 等机器学习算法。最终，确认人的因素在平台的影响权重占比约为 80%。这佐证了我们的判断。

2. 抓手指标

确认了主要影响因素后，我们需要将其量化并找到抓手指标。首先，假设我们拥有一切数据源，只需专注于指标量化本身，我们可以梳理一下不同维度的指标；之后，确认数据源是否可控，数据质量是否可控，指标是否为红线指标。这里，红线指标的含义是该指标的数据变差在业务风险上无法承受。如果司机命中了红线指标，那么就不能在平台上运营。而在这里，我们选择抓手指标的目的是更好地监控运营并有针对性地设计产品策略，所以红线指标不属于抓手指标，应将其排除。

由表 11-2 可知，数据源和数据质量可控且非红线指标的指标应作为抓手指标，如过路口不减速次数、没有提醒后方来车次数、驾驶点位异常次数、急转并线次数等。这几种都属于司机的驾驶行为。我们要针对这些驾驶行为设计一套数据链路来采集、评估量化、反馈并作用于司机，达到影响司机、降低整体事故率的目的。

表 11-2　事故成因类型分析

成因类型	量化指标	数据源和数据质量是否可控	是否为红线指标
无证驾驶	无证司机数量	可控	是
超速驾驶	超速次数、违章超速次数	缺少违章数据	否
不按规定让行	过路口不减速次数	一般	否
行人及非机动车	没有提醒后方来车次数	一般	否
占道驾驶	驾驶点位异常次数，急转并线次数	可控	否
酒后驾驶	投诉酒后驾驶次数，投诉言语不清或思绪异常次数	一般	是
疲劳驾驶	投诉疲劳驾驶次数，监控到分心驾驶次数	一般	否

3. 策略规划方向

可以看到，抓手指标主要集中在司机的驾驶行为上。我们有三大类驾驶行为数据源。第一类是埋点数据集，可以得到司机的秒级驾驶轨迹和驾驶行为，这样我们就不再局限于订单类数据，极大扩充数据样本集，从而可以追溯到事前司机的驾驶状态，并对出事司机群体进行各个维度的聚类分析。第二类是客诉数据，通过对客诉数据结构化可以拿到是否提醒系安全带、是否提醒注意后方来车等数据。第三类是与交管、公安合作，拿到违章甚至犯罪记录数据，进而准确判定司机是否有酒驾等违章记录。对这些数据进行清洗、挖掘，最终形成早期的司机安全画像。而我们的策略主要是依据这些安全画像进行一些上层应用，形成闭环，影响司机的驾驶行为并提升其安全意识。

基于司机安全画像，我们进行了 6 类应用：建立准入门槛，制定红线封禁策略，加入服务分体系，制定派单策略，建立安全教育产品线，研发车保车险模型。

- ❑ 建立准入门槛。主要涉及是否有驾驶证、驾龄、户籍、车牌、车种、是否有交通违规记录、是否有违法记录。
- ❑ 制定红线封禁策略。一旦有司机短时间内多次触发安全隐患画像，就认为他超越红线评分，给予其一定时长的封禁。
- ❑ 加入服务分体系。加入服务分体系，可以直接影响司机对于安全的认知。在订单结束后，系统会告知司机在行程中命中了哪些安全画像，是如何扣分的。服务分作为评价司机的一个非常重要的指标，会直接影响他们的收入水平及派单规则影响。同时服务分体系又是一种柔性政策，避免了直接封禁、降低运力等问题。

❑ 制定派单策略。不同司机在不同道路上的安全表现是不同的，在某些特殊路段上差异甚至非常明显。比如在跑跨城订单时，新老司机的事故率都比较高，主要原因可能在于：新手司机不太了解平台软件，也不熟悉路况；而老司机容易过度自信，导致超速、追尾等事故。因此应制定派单策略，将某些特定情况下的订单派给更加注重安全的司机。

❑ 建立安全教育产品线。安全教育是一项非常重要的主动安全措施。我们可以直接通过平台 App 传播安全思想，提升司机的驾驶安全感知。系统会针对命中安全画像的司机不定期地弹出安全教育专题或考卷，最终提升司机的安全意识。

❑ 研发车保车险模型。平台有很多自营车辆，而很多司机并没有车，他们会租赁平台车辆用于日常运营。平台可以充分利用司机的安全画像对于车险和司机的人身意外保险进行精算与预测。

4. 交通安全项目的反思

你可能会问："你们有这么多安全方案和策略，具体落地的情况怎么样？"效果相当不错，我们一年就实现了将整个平台的事故率同比降低 20%。这个数据对于很多增长业务线来说也许很不起眼，但对于安全指标来说却是重大的技术突破，将安全指标降低这么多是非常难的。那么从数据角度看，这么多的策略，具体哪个策略对于整体事故率的下降作用最大呢？在很多业务的精细化运营上，短期的策略可能并不能达到令人满意的效果，因此进行项目复盘、确认新方向是非常重要的。但这里可能要让大家失望了，因为我们当时确实没有对项目进行严格的灰度测试和 A/B 测试，只能说交通安全这个指标的提升是所有策略共同作用的结果。这是笔者引以为豪的一个项目。

我们经常讲，数据产品经理要对数据敏感，对业务有洞察、有感知。那么在项目实战时，什么最能体现一个人对业务的洞察力？其实就在于能快速定位问题并找到解决方案。回想起来，当初我们思考的都是如何帮助业务部门快速解决问题，并没有关注对数据产品的需求。很多公司和案例讲产品方法论，说要有数据平台，要有 A/B 测试，但我们这个项目确实没有，甚至对于笔者来说，系统地搭建安全数据平台、搭建 A/B 测试系统是一种浪费。我们也没有深入地设计指标体系，只进行了拆解，并且在落地时只关注了几个可执行的重点指标。没有很庞大、看似很成熟的指标体系，因为我们不到一年就解决了业务问题。我们并不是为了做数据产品而做数据产品，而是为了更好地推动业务落地。一个真正厉害的产品经理就像一家早期创业公司，没有什么数据，但是能快速定位问题并解决问题。我认为这就是实战派的产品经理。产品方法论当然重要，产品体系也要有，但最终还要看业务的实际情况，如果能直接解决问题，何必多做一套监控系统呢？

11.3.2　司乘安全解决方案

司乘安全的处理逻辑与交通安全差异非常大，甚至超出数据产品的范畴，因为司乘安全中刑事案件的数量实在太少，不支持做司乘安全的预防和预测。如果有人想做很严重的事情，比如恶意伤人，一般不会在平台上留下任何痕迹，而平台只能获取司机的行驶数据，是很难看出异常的。如果有一天我们能获取司机的情感数据、脑波数据，这种预测或许就具备了可行性。

这样看来，难道平台就无法处理司乘安全问题了吗？其实不然，但处理的方式就不是通过大数据或数据策略了。下面介绍几种司乘安全问题的解决方案。这里要应用 12.2 节提到的风险承担能力的概念。就司乘安全而言，辱骂虽然也在管控范围内，但对于整个平台来讲风险不大，是可以承担的风险，真正会对平台造成巨大影响的是恶性刑事案件。因此这里主要讲两种降低恶性刑事案件的思路。

（1）基于弱管控的海恩法则

海恩法则是对于司乘行驶过程，只监控事故隐患，不监控整个过程的全部细节，所以称为弱管控。

海恩法则是德国飞机涡轮机的发明者帕布斯·海恩提出的基于航空安全的安全法则，被全世界所承认，主要用于对安全生产的管理。

海恩法则的核心是多级的概念，即每一起严重事故的背后，必然有 29 次轻微事故和 300 起未遂先兆以及 1000 起事故隐患。所以可以通过管理底层的事故隐患来降低顶层的严重安全事故。这种方式需要满足一定的限定条件，就是整个系统必须是闭环可控的内部系统，比如飞机为了防止恐怖袭击进行了非常严格的管控，要走安检，要走海关，同时飞机上还有空乘。即便是这样也没能避免911这种事件，所以海恩法则确实可以在一定程度上降低安全风险，但很难完全杜绝这类事件。它是一种基于底层风险排查的弱管控手段，无法直接影响顶层的严重事故。

（2）基于强管控的过程管理

相比海恩法则的弱管控思路，对整个过程进行监控，即强管控的过程管理，是笔者认为更实用的方法。这种方法不局限于风险防患，在发生事故时可以进行有效干预，从而终止恶性事故。弱管控的思路是根据数据进行预测、预防，但针对恶性事故这种独立的事件其实应该单点打击，已经不是预防的问题。当时笔者在平台内推进过加装语音监控的方案。一旦通过AI技术监控到求救、辱骂、打斗声就立即介入，有可能避免很多激情犯罪；即便最终不能避免这类事件，也能以最快的速度定位事件地点并通知警方，从而减轻企业的责任。（平台推进语音监控时笔者已离职，所以并不清楚拿到语音监控数据后的具体处理策略。）

11.4 交通安全的四阶段展望

笔者认为，从长期来看，交通安全会经历四个阶段，分别是信号标线交规管理阶段、大数据精准管理阶段、独立规划自动驾驶阶段、城市智慧主脑交通导航阶段。每个阶段都会有一个技术瓶颈限制交通安全的发展。

1）信号标线交规管理阶段。这个阶段即当前所处的交通安全阶段，人们通过交通法律法规、路段的标示标线、交通信号灯等约束司机的驾驶行为，从而在一定程度上降低了严重事故的发生频率。这种规则的最大问题在于司机，如果司机没有一定的驾驶经验或者不按交规驾驶，就很容易发生事故。

2）大数据精准管理阶段。相比上一个阶段，大数据精准管理能够监控到每个司机的驾驶行为和异常情况，从对道路的整体约束管理转变为对个体司机有针对性的管理，显然会提升整体系统的安全性。这也是本章的核心思路：通过大数据精准管控司机，降低交通安全风险。

3）独立规划自动驾驶阶段。第三个阶段是自动驾驶阶段，研究自动驾驶的核心目的并非解放司机的双手双脚，也不是赢利，而是解决司机的一些驾驶问题，从而提升交通安全。人是追求自由的个体，用硬性的交规来约束司机，并且要求司机一直保持专注，是非常不科学的，也容易带来驾驶问题，这是自动驾驶希望能解决的。

4）城市智慧主脑交通导航阶段。在整个社会的出行全部由自动驾驶替代后，真正的智慧交通就会出现。行车路线、导航规划将全部由服务交通指挥中心指挥，取代自动驾驶车辆自己对于局部的判断；指挥中心会拥有全部的细节和全局数据，从而更好地规划路径，提升整体的安全和运输效率；甚至在过路口的时候车辆都不需要减速，它可以精准地判断出车间距，从而避免发生事故。

第12章

视频数据分析实战：智慧安防中的智能视频产品

文/徐湲策

笔者曾以产品经理的身份参与过河南、湖北、山东、重庆、新疆等地的智慧安防项目，主要负责其中智能视频产品的建设和应用，涉及刑事侦查、技术侦查、交通监管等领域。

智慧安防通过运用智能视频分析技术和大数据研判能力，对一个地区的每条街道、社区、楼层等位置的人进行监测、预警、追踪，既能帮助公安机关对其辖区进行全方位的管理，也能在案件侦办时提供大量线索和证据，快速定位嫌疑人和寻找案件线索。在推动日常管理信息化的同时，提高案件侦办效率，缩短案件侦破时间。

智能视频分析技术在智慧安防中的产品形态为视频搜索产品，即在后端通过标签体系对视频数据进行结构化处理和分析，在前端为用户提供不同维度的搜索功能，用户通过搜索目标对象的特征，可以找到想要的信息。

本章内容主要从两方面展开：首先，对智能安防进行整体介绍，内容包括智慧安防的概念、效果和使用场景等，目的是帮助读者了解智慧安防，并对智慧视频产品的落地场景有较深的印象；然后，介绍智能视频产品的核心应用场景和功能，并讲述产品经理如何在这类产品中发挥作用。

因为智慧安防本身有强算法属性，所以本章会穿插介绍一些策略产品的知识点。

12.1　智慧安防整体介绍

智慧视频产品等智慧安防产品是政府机构使用的，作为行业外人士，读者可能并不了解。为了让读者更了解智慧视频产品的使用场景，本节先对智慧安防做一个整体介绍。

12.1.1　智慧安防的概念

大家可能都听说过"智慧城市"。智慧城市是对智慧化的城市管理方法的统称，包括但不限于通过大数据、云计算、图像算法、AI 算法、4G/5G 网络等计算机软硬件技术，帮助城市在民生、行政、交通、安全等多方面进行全面的信息化管理。

智慧城市在交通、安全领域（业内俗称"安防"）的应用，称为智慧安防。

12.1.2　智慧安防的效果

由于智慧安防涉及的数据比较敏感，这里不能明确给出智慧安防的效果，但读者可以从公安机关越来越快的破案速度中有所体会。大家可能看过一部老电视剧《征服》，里面破一次案不知道需要政府投入多少公务人员、消耗多少时间，要进行扫地式的排查走访和信息收集，还要等待罪犯主动犯错。而现在大家经常能看到新闻：小偷在几小时内被抓捕归案，几天内某地就抓获恶意伤人的逃窜犯，等等。这些都是智慧安防的落地实施所产生的价值。这样看来，智慧安防是切切实实为城市安全、人民安全提供了保障。

12.1.3　智慧安防的使用场景

鉴于大家对智慧安防不是很熟悉，下面通过几个常见的使用场景来让大家对智慧安防有个整体的感受。

1. 实时监控

实时监控场景的主要意义是，在一些重要的场合、地段或时间节点及时发现业务方需要的信息。利用系统的算法及配置化规则，让用户及时发现风险，在事前或者事件恶化之前做出反应和处理。这种事件，有时是基于对恶性事件的防范，有时是出于对特定事件的关注和保护。

举例：某火车站鱼龙混杂，经常有由拉客问题导致的口角冲突，有时这些冲突会升级为肢体对抗。对于当地公安分局来说，不论从维持良好的城市形象角度考虑，还是从保障本地治安环境角度考虑，都希望能够在冲突刚刚发生之时或者恶化之前就及时做出反应和处理。于是，当地公安分局在该火车站部署了大量的监控设备，并设置了一些行为特点监控。一旦发现冲突事件，就会与在火车站巡逻的公安干警联动，进行现场勘测和处理。一段时间后，该火车站的风气问题得到了肃清。

2. 轨迹回溯

实时监控针对的多是事前和事中，而轨迹回溯则针对的多是事后，通过对目标信息进行搜索，梳理目标的行为轨迹。一来，分析和整理目标的行为习惯与风格，从而更好地了解整个事件的前因后果；二来，通过整理过去的行为，可以预测目标可能出现的地方，为下一步的行动和任务提供重要的参考。本章中的案例基本都是这样的场景，这也是最能体现智慧安防产品价值的地方。

3. 日常管理

考虑到智慧安防部署的范围越来越大，日常的治安管理和维稳排查，包括城市每天的进出人员统计管理、进出车辆统计管理、城市交通数据管理等，都会通过智慧安防系统处理。在部署智慧安防产品之前，这样的数据统计和管理要么缺失不全，要么需要消耗大量的人力物力，无法很好地为城市数据化管理提供有效支撑。而通过大量部署监控，智慧安防更好地触达了城市的各个角落，让城市管理的数据化真正做到无死角。

举例：公安机关的工作人员小张以前每天都会从各个分局整合车辆数据，然后手动比对，看不同阶段的数据环比、同比以及其他数据的比对，以满足不同情况下的业务汇报和整体分析的需要。例如：通过城市车辆的进出数据了解城市的交通负载变化，为城市管理提供重要的方向指导。这个收集和处理数据的过程每天都要花费他大量时间。现在，利用平台自带的分析系统和报表生成功能，他不仅能够快捷查询和获取不同维度的数据，还省去了大量的报表撰写时间。

一个全面且成熟的数据产品会综合展现数据的各方面价值，包括但不限于：识别与串联价值、描述价值、时间价值、预测价值、产出数据等。具体到智慧安防产品，不同场景对应的价值如下。

- ❑ 实时监控：描述价值。
- ❑ 轨迹回溯：时间价值。
- ❑ 日常管理：产出数据。

12.1.4　智慧安防的核心应用——智慧视频产品

可以看到，实时监控需要的是对重点场景的展示，日常管理需要的是数据报表系统，这两者对于产品功能的需求都相对简单。而轨迹回溯则非常复杂，一个城市可能有上千万人，当需要回溯某个人或某些人时，就要对系统输入非常多的不同条件，系统才能找到这个人。（在 12.2 节中，我们可以看到各种不同的输入条件。）

轨迹回溯用于破案和具体人员管理，这是公安机关的核心任务。而轨迹回溯主要依赖智慧视频产品，因此下面就来讲解智慧视频产品的开发案例。

在大多数人的印象中，智能视频产品是典型的强技术、强算法属性的产品，主要通过图像算法、机器学习等技术实现。但在实际运营中，这其实是强业务属性的产品。因为业务场景非常复杂，公安机关的工作人员（用户）在使用智能视频产品时的需求多种多样，所以产品经理需要提供灵活的解决方案，在业务需求和技术难度之间找到平衡，让产品得到用户的认可。

12.2　智能视频产品

我们先简单回顾一下警方是怎么处理案件，尤其是涉及刑事犯罪的重大案件的。

在视频监控系统出现之前，警员只能通过目击证人了解嫌犯的体貌特征。如果没有目击证人，就只能根据其他线索（如指纹、鞋印、头发等生物或非生物特征）去对应的地点挨个排查，比如每个小区、火车站等。至于要排查哪个地点，非常依赖办案人的经验和直觉，不仅容易漏掉有嫌疑的地点，而且需要投入大量的人力和时间。

在视频监控系统出现以后，警方能够根据一些生物特征或报案信息锁定相关可能的犯案时间和嫌犯行动路线，然后沿路找监控设备，拿到监控录像，再发动基层警员没日没夜地看监控录像，查找与相关生物特征或报案信息匹配的人。这样会带来两个问题：第一，由于之前部署监控的范围有限，很有可能监控录像中根本就没有嫌犯的信息；第二，对于人员的使用效率太低，会造成整体办案效率低下，只能特事特办，对于民生安全也有很大的影响。

而有了智能视频产品，警员不用再没日没夜地看监控录像，只需要在智能视频产品中输入目标的条件，几秒钟内就可以搜索到嫌犯，破案速度大幅提升。

智能视频产品的使用步骤如下。

1）视频搜索查询。一般来说，目标是嫌犯特征，如衣服特征、形体特征等。

❑ 特征查询：目击证人所描述的特征经警员整理后，输入智能视频产品中搜索。

❑ 图像识别：在搜索引擎中上传嫌犯的图片或视频。

2）检索到对应的视频/图片。智慧安防产品使用的视频/图片库中，视频主要包括道路和建筑设施里的摄像头拍摄的监控录像，图片包括但不限于身份证照片、护照照片。

经常会碰到如下问题。

1）原始数据是每个摄像头拍摄的视频，而搜索引擎无法直接理解完整的视频，需要给视频打上标签。这个过程涉及各种图像处理技术，包括图像识别、图像要素结构化检索、图像处理（锐化、放大、缩小等）。其中，图像识别和图像要素结构化检索非常依赖深度学习、模式识别等算法，这些内容很偏算法且很成熟，这里就不赘述了。

2）通过在要素位置部署高清摄像头收集人、车辆等的信息，获得监控录像。但高清摄像头因为位置和目标移动速度的关系，不一定能拍到高清晰度、高质量的视频，需要进行视频清晰度处理。

下面将重点讲解视频搜索查询和图像识别查询以及产品经理在其中发挥的作用，希望读者能够从中了解如何在业务需求和智能算法能力之间进行平衡，如何用产品能力在一定程度上弥补算法能力的局限。

12.2.1　视频搜索查询

视频搜索查询即警员将目标对象的特征输入搜索框，查询包含该特征的视频。

举一个具体的例子。某警员接到报案说发现一个目标对象 X，但是报案人只看到 X 穿的是红色衣服，上了一辆灰色的轿车，车的型号他描述不清。而且，报案人当时并没有意识到自己看到的就是嫌犯，事后才报的案，也没留意具体时间。结果他只能给出一个时间段，而不是一个具体的时间点。此外，报案人给出的地点的人流量和车流量都很大。好在这个区域已经接入智慧安防系统，有摄像头，而且摄像头的拍摄角度和拍摄效果都比较理想，能够清晰地拍到人群和车辆。

这个例子中，警员收集到目标对象的特征——红色衣服、灰色轿车，以及时间段和地点，并希望能够筛选出在输入的时间段内含有穿红色衣服的人或灰色轿车的视频。

讲到这里，产品经理似乎并没有多少可发挥的空间，设计一个搜索输入框，供用户输入搜索条件就可以了。但是深入了解实际的业务情况之后你会发现，就算技术识别能力再强也会有一些问题。例如：报案人提到的红色到底是什么红？是深红、浅红、酒红还是粉红？并不是每个报案人都能准确说出具体的颜色。此外，还有光线问题。比如，在有的光线下棕色看上去像红色，因此不排除报案人说的"红色"可能是棕色。只是一种颜色就有这么多种可能，可见在实际业务中需求的复杂性。

搜索引擎对查询的要求是特征明确、清晰，但在实际场景中，目标对象的特征一般来自目击证人，而每个目击证人对事物的理解不同，描述的特征可能会与实际情况有差别，这会造成搜索引擎返回大量满足查询需求但不满足实际需求的视频。对于重要的案件嫌犯，不怕搜索出来的视频多，怕的是搜索出来的视频不准确，怕的是案件需要的视频与搜索条件不匹配，没有被搜索出来。往往一条线索断了，案件就会进入死胡同。而完全依赖提升算法的识别能力，投入产出比可能很低，哪怕将识别能力提升一倍，也很难解决实际的业务问题。

如果产品经理能够通过产品手段让警员输入准确的搜索需求，那么会大大提升搜索结果的可用性。

比如在上面的案例中，为了准确向搜索引擎描述颜色，我们采用了以下解决方案。

1）利用业务知识解决。这里举一个实际的例子，大部分城市里的路灯是霓虹灯，在霓虹灯下，一些颜色看上去会与原本的颜色不同。最典型的是白色在霓虹灯下看上去偏黄。我们之前遇到一起案件，报案人坚称自己看到的车是黄色的，但是他所描述的车型根本就没有黄色款。不巧的是，报案人报案的地点附近并没有安装摄像头，最近的摄像头在几公里外。想要排查，就必须把几公里外进出的车辆全部调出来。如果没有一个清晰的方向，排查将会消耗大量的时间。后来，一位有经验的警察想到，人在霓虹灯下看到的颜色可能不真实，加上报案人对汽车不是很有研究，他提供的信息可能与实际情况不符。我们从监控录像中筛选白色的车，结合报案时间和一些其他相关信息，很快就锁定了嫌疑车辆。

2）利用产品功能解决。除了光线对颜色的影响以外，还有衣服的颜色和款式问题。比如有人认为青色是绿色，也有人认为青色是蓝色，但青色其实是蓝绿色。同时，衣服的款式也有很多种，很多人并不能准确描述衣服的款式。很多时候，报案人看不到嫌犯的面部，如果嫌犯有一定的反侦察意识，那么就只有通过衣服进行一些可能性的排查了。

正是因为有这样的业务场景，产品经理才有了介入的机会。从业务实际情况出发，产品经理可以通过一些额外的产品功能来更好地解决业务方的问题。相比提升算法能力所需要投入的成本，这些产品功能的开发成本要小得多。也许有的工具类产品经理已经想到了一些解决方案，这里笔者简要说明一下我们后来在产品上提供的支持。

❑ 取色工具和调色盘。允许用户上传图片并通过取色工具取色，或者直接通过调色盘调配颜色，以方便用户选择颜色。

❑ 外形提取工具。除了颜色外，事物的外形也很重要。在识别算法的开发上，外形识别和颜色识别需要的技术差不多。除了提供颜色的识别外，也提供外形的识别，可以从另一个维度帮助用户找到目标对象。

❑ 不同的光源。根据城市中存在的光源类型，如霓虹灯光源、月光、霓虹灯与红绿灯交错光源，重新对颜色识别数据进行训练和设置。

❑ 衣服库与车辆库。衣服库是从某电商平台上爬取的销量前 100 的爆款样式，车辆库则是通过与车管所的数据对接，所获得的可在路上行驶的所有车型。这样，用户除了让目击者尽可能准确地描述外，还可以让其从已知的可视化数据里寻找对象，帮助他们更好地确定自己看到的对象。

以上两种解决方案在设计和开发上都有非常多值得借鉴的地方，但是想要将二者很好地结合起来，产品经理必须深入业务，理解业务的各个环节。

这里介绍一个衣服库的使用案例。某案件的嫌犯是一个着装华丽的女子，而报案人对女装了解甚少，描述不清楚该女子所穿衣服的具体样式。考虑到嫌犯的着装风格，我们将某电商平台上的衣服数据库提供给报案人选择，待他选好后我们再用这个数据标签对监控录像中的人物进行搜索，终于找到嫌犯换衣服的画面，进而获得了一些物证，最终锁定了嫌犯身份。

小贴士　AI 业务场景的解决方案会有多种方式，可以用算法解决，也可以用产品解决，还可以直接通过人工解决。储备多种解决方案并根据实际情况从中选择，是 AI 产品经理的必修课。

目前 AI 产品的本质是通过训练数据并调配模型来满足业务的需求，但对于有些业务场景，由于实际情况的限制，未必能够用机器化的语言向系统有效地表达诉求。产品经理这时就需要介入，基于自己对业务、算法、技术等多个模块的理解，提供对算法产品的外部包装，通过更加简单的方法来满足业务的需求。

这个案例讲了通过添加产品功能解决业务问题。

看到这里，读者应该能体会到智慧安防产品对产品经理的能力要求之高。产品经理需要对各种互联网产品有极深的理解，才能想出更多的解决方案来。

12.2.2　图像识别查询

图像识别查询是指通过上传的图像信息来检索相似度接近的图片或视频。

智慧安防产品中基本少不了图像识别这个功能，你也许没有亲眼见过智慧安防的办公室，但你肯定经常从谍战大片中看到这样的场景：拍一个人物的照片，屏幕上就能显示出他的信息。然而在实际操作中，由于存在天气原因、拍摄角度原因、摄像头被破坏以及其他原因，不可能保证每次都能正确识别图像，更不用提将识别的图像与相关数据库进行比对了。

到这里，如果仅从技术角度考虑，那么方法就是提升算法能力。但提升算法能力并不能一蹴而就，甚至有很大的不确定性，也许算法还没开发出来，项目就已经被终止了。

怎么解决这个问题呢？首先，回到一个看起来简单但很多人没有认真思考过的问题：为什么图像识别在智慧安防中很重要？答案似乎显而易见，因为借助图像识别可以快速确认某个人是谁。那为什么确认某个人是谁重要呢？这就涉及在有监控技术之前相关政府单位是怎么处理各种问题的。只能靠基层人员一步步地在全范围内排查。而图像识别技术的出现带给了基层人员两个重要的方向，也就是找人所必须解决的两个问题：这个人是谁，这个人在哪里出现过。清楚了这个目标，再回头来看图像识别的作用就很容易明白了。图像识别可以同时解决这两个问题，照片的拍摄地点告知了这个人曾经在哪里出现过，照片的内容告知了这个人是谁。

回到上面那个问题，如果出现了各种情况，导致识别不清晰怎么办呢？图像识别的本质是对比相似度的高低，如果识别效果不好，就会导致找到的数据相似度不够高，这是很难从技术上解决的。不过，从产品上看，识别率不高不代表不能向用户提供数据，对于用户而言，在小范围内找人要比以前的大海捞针好多了。所以，最后的解决方案是把识别率在一定值以上的结果都返回给用户。当然可以将这个值设计成可配置的。

这样一个简单的功能，一方面可以解决通过技术不能在一定时间内达到要求的精度的问题，另一方面可以在一定程度上满足用户的需求，这就是产品经理可以实现的功能。

要想能运用这样的方法解决问题，需要经过多个实际案例的积累。笔者曾跟过这样一起案件。当时相关部门接到报案，本地步行街的商店遭到抢劫，嫌犯胆子非常大，在抢劫时并没有蒙面。事后发现，嫌犯胆大可能是因为他之前来踩过点。该地当时还处于智慧安防建设初期，被抢商店的方圆一公里内都没有摄像头。但巧的是，那天值班的店员是来自本地美术大学的实习生，他直接把嫌犯的肖像给画出来了。此外，虽然一公里外才有摄像头，但是由于事发地点是步行街，在距离商店一公里范围内案犯也只能步行。于是相关部门调取案发前后一段时间内附近摄像头拍下的监控录像，并将店员画的肖像与录像里的人脸比对。这时出现了一个问题：在最初训练算法的时候，我们根本没有考虑过肖像比对的场景。比对的情况虽然不是特别糟糕，但是始终与肖像有肉眼可见的明显区别，而算法却不这么认为。我们当时的系统界面上给出的是算法认为准确率在 90% 及以上的数据，而不是所有的数据。好在系统并没有在算法运行结束后丢弃准确率在 90% 以下的数据，这个某种意义上的系统 bug 反而挽回了当时现场的尴尬局面。笔者紧急联系后台人员用脚本取出了所有的图片，相关部门按照准确率从高到低对所有图片进行排查，最终锁定的嫌犯在算法准确率为 75% 的位置。

基于这次经历，笔者回到公司后立即着手对系统进行了几方面的改造。

1）提供多种场景的算法比对模式，包括素描头像比对、黑白照片比对、彩色照片比对、身份证头像比对等；同时联系商务人员辅助算法开发人员多找一些可能的训练对象，帮助拓展算法的应用场景，从而更好地适配业务。

2）让用户手动选择查看准确率的范围。目前的图像识别算法主要是深度学习的不同模型组合，它的一大问题是不可解释性。因此盲目信任算法的准确性，可能因为训练对象的不足、算法设计本身的缺陷等多种问题导致用户找不到结果，这才是最大的问题。

这个产品功能同时解决了两个场景的问题。

❑ 图片的类型受限。在用户进行图片查询时，不限定用标准照片，用户可以上传各种各样的图片，如素描、黑白照、身份证照片等。

❑ 视频清晰度不够高。角度问题和天气问题都可能导致视频清晰度不够高，通过允许警员手动调低准确率，就可以把清晰度不够高的视频也搜索出来。

小贴士　这里涉及 AI 产品经理常用的两点考量。

其一，在实际业务中，谁都希望算法的准确率越高越好，但是算法的准确率是基于算法本身的训练和模型的，算法的训练范围会随着业务的拓展越来越大，有的模型在某些场景下准确率很高，而在另一些场景下则不尽然。因此，需要在算法的准确率和召回率之间进行平衡，如果准确率太高而召回率太低，就可能会导致正确的结果（如嫌犯）得不到召回。

其二，在复杂的业务场景下，要适当地将权限交给人来处理，人工和智能结合，才能达到最好的效果。也就是通过产品包装的形式将召回方法提供给用户，因为在一些特殊场景下，高准确率的价值远远比不上高召回率。

本章总结

智慧城市是一个典型的强技术结合强业务的产品形态。一个产品经理如果没有相对完善的产品思路和产品方法论，就很容易一边被业务牵扯、做很多无用的产品功能，一边又陷于技术细节、让有限的技术能力拖累业务效果和满意度。

通过本章中的举例可以发现，在这样的产品模式下，产品经理需要具备业务抽象能力和场景转化能力。

- ❏ 业务抽象能力。在复杂的业务表象下找到更直接的产品形态，从而将业务门槛对产品经理的约束降到最低。
- ❏ 场景转化能力。有些时候，转化一下场景，不仅可以规避当前技术的约束和不足，还能够提升业务效果。这也是产品经理的核心价值之一，最大限度地发挥当前技术能达到的水平，而不是一味地要求技术突破来满足自己的需求。

## 第 13 章

AI 产品经理的工作日常与 AI 技术在视频平台上的应用

文 / 赫子敬

　　笔者曾就职于某视频平台的 AI 团队。该团队是业内较早大规模应用 AI 技术的团队，一直在探索 AI 产品的落地和应用，包括但不限于：如何构建 AI 能力中台，如何最大限度地体现 AI 产品的价值并帮助业务部门提升业务效果，如何把握机遇推广 AI 产品在各个领域的应用。

　　本章首先介绍 AI、机器学习和深度学习的概念，然后介绍 AI 产品经理的主要工作内容、工作流程及工作方法，最后通过案例详述 AI 技术在视频平台数据处理中的作用。

13.1　AI 知识简单科普

　　谈及 AI，就离不开机器学习和深度学习，于是一些人误以为这三个词是一个意思。实际上它们有明显的区别，本节就来给大家做个简单科普。

　　AI 即人工智能，为人工创造的智慧，这种智慧能处理预测或类型判断问题。

　　一些智能客服、推荐系统、人脸识别甚至数据策略，确实可以算作 AI 应用。但有些公司夸大其词，称它们的 AI 能力有多强，这是有问题的，因为它们讲的

"AI"实际上是数据策略，即规则逻辑的组合，与真正的 AI 是有区别的。真正的 AI 至少应该达到机器学习的级别。企业如果想说自己的 AI 能力有多强，至少应该有很多深度学习的实战应用。机器学习和深度学习都是 AI 的实现方式。

接着，我们来了解什么是机器学习和深度学习。

不同于 AI，定义很有争议性，机器学习和深度学习的定义在工业界和学术界都有普遍共识。它们都属于 AI 的某种形式的算法。在早些年，数据量远没有今天这么大（动辄数以 TB 计），计算能力也远没有今天这么强大，而且数据类型也很单一，都是结构化的数据，于是很多研究人员通过数学的形式创造算法并拟合函数，取得了不错的效果。这一时期机器学习算法层出不穷。记得在几年前，笔者经常纠结于用哪个算法，因为算法的种类和变换花样太多了。机器学习需要人工设计特征，对于同一模型，特征的变化会直接影响模型输出结果的质量。可见机器学习是非常复杂的领域，包含众多算法。

而深度学习可以算作机器学习众多算法中的一种，但是这种算法很特别，它不需要你设计数学模型，也不需要你设计特征，基本是黑盒，端到端地自主学习，只要数据量足够大，数据质量足够高，它就能自动拟合出最接近现实的函数。这种算法极具创新性，并且高效，近几年数据量和计算能力的飞速发展释放了这种算法的潜能。

从结构化能力来看，机器学习的算法一般都有局限或比较单一，比如逻辑回归、决策树、支持向量机等典型算法都有各自的局限，这种局限决定了它们只能处理某种简单的问题。但对于深度学习，你可以简单将它理解成一个万能函数，它不受场景和问题的约束，几乎能处理所有类型的问题。你要是说自己的 AI 能力有多强，大家会下意识地认为你说的是深度学习算法，虽然你可能只是做了一种数据策略模型或机器学习模型。本章中，笔者所说的 AI 应用全部是深度学习方向的应用。

认识到 AI、机器学习和深度学习的区别，有助于你了解后面的案例所涉及的算法。如果你希望深入了解技术要点，特别是深度学习，可以查阅专门的图书。

13.2 AI 产品经理的工作内容与路线

真正企业级的深度学习项目是近几年才开始慢慢发展起来的，并且大多数公司并没有 AI 产品经理这个岗位，一般都是纯技术驱动。随着业务规模的不断扩大和业务需求的增多，AI 产品岗位逐渐登上历史舞台。但直到目前，很多 AI 产品经理对自己的定位还不是很明确，因为现在很多 AI 应用依然停留在服务层面。

下面来简单介绍一下通用型或平台型的 AI 产品经理的日常工作。

13.2.1　AI 产品经理的日常工作内容

AI 产品经理的工作链路和周期是非常长的，所以在工作中我们会有很多项目管理的职责，需要持续跟进项目，把控项目进展。具体来说，一个 AI 产品的全生命周期包含需求收集、需求梳理、算法可行性评估、数据收集、数据清洗、数据标注、模型训练、模型效果评估、服务化、线上效果评估、算法迭代。接下来我们详细讲解需要重点把控的项目环节，让读者清晰地了解 AI 产品经理的工作细节。

1. 需求分析与把控

前期对接需求与进行需求分析时，AI 产品经理与普通产品经理在做法上并无太大差异，但是会更注重技术、资源与可行性评估。

首先，判断技术的可行性。因为新的 AI 算法和服务的研发成本极高，远超普通项目，并且很多业务方对 AI 的能力边界并没有概念，所以 AI 产品经理在与他们沟通时需要注意，要给双方都留下退路和机会，既不能一棒子打死、拒绝合作（这样会丢失潜在的 AI 需求），又不能放任业务方提出不切实际的想法。我们需要足够熟悉各种类型的 AI 算法，对可行性有一个初步的判断。

其次，确认训练数据集的来源。深度学习算法一般是有监督学习，需要大规模的训练数据。业务方如果有这样的数据储备，那么会对项目的推进有极大好处；如果没有，可能需要进行相关数据的采集和打点。如果业务方不具备这种能力、无法建立数据闭环，或者业务数据不能满足算法对大规模训练数据的需要，那么就要准备进行数据爬取、清洗、标注等一系列工作。

最后，对需求进行整体的可行性评估，主要包含项目的收益评估和成本评估。收益评估是对所有产品都要做的工作，在一个项目开始前，要有项目目标与项目预期收益。如果业务本身比较轻，而需求却是复杂的 AI 算法，这时就要注意需求的合理性，要与需求方探讨是否有其他更轻的解决方案。

在成本评估上，主要考虑两方面。第一是需求所需的计算资源情况。深度学习一般使用的是GPU，服务一旦上来，需要大规模的GPU，对此要事先有个预期，毕竟GPU是相当昂贵的计算资源，需要预先申请。第二是算法的研发周期与数据获取成本的评估。有些算法理论上是可行的，但研发周期很长，因为数据获取的难度非常高，需要较长时间进行数据积累。

2. 数据采集与标注

数据采集与标注也需要产品经理及时跟进并把控质量。其中有一个非常重要的原因是，数据采集与标注的逻辑是需要产品经理确定的。在需求对接时，业务方可能会提出相对简单的需求，比如人脸门禁。虽然一般人都能理解人脸门禁（无非是用人脸识别的算法），但AI产品经理需要考虑各种情况，并针对特殊情况帮助算法工程师确定更细粒度的算法，比如将人脸门禁拆分成人体检测、人脸检测、人脸识别、活体检测等场景，对于这些场景，要拆分成更独立的细分场景。如果不针对细分场景研发算法，而是统一一套算法，很难算精准。

以人体检测为例，按照大家的理解，人体就是有头有脚的正常人。但是假设视频中只有某个人的身体，其头部在视频之外，无法看到，也就是无头人体，这也算是人体检测的一种场景。视频中还可能有残疾人体、cosplay人体、多人遮挡人体、婴幼儿人体等，场景很多，很难用一套算法覆盖。产品经理要将各种场景梳理出来，提供给算法工程师，AI产品经理和算法工程师在算法开发评估时会考虑这些场景，在将开发方式、细粒度等分析做完后，AI产品经理再去确定数据采集和标注。

诸如此类的一系列定义和场景说明都需要明确，因为这一点可以帮助算法工程师考虑算法的细粒度、算法优化，从而影响如何数据采集与标注。采集数据后，标注人员也能够参考你给出的算法定义进行数据标注。

这样才算是将数据采集、标注和算法研发统筹起来，也是AI产品经理的重要工作之一。

3. 服务化

完成算法训练后，我们需要评估算法是否达到预期效果，着手对相关工作进行服务化，并根据需求设计服务数据请求和返回格式、输入和输出参数。项目正式上线后，需要跟踪很多指标，比如服务的请求量、QPS、请求成功率、端到端处理时长、平均等待时长、最大积压数量、子服务处理时长、算法召回率，根据各项指标的具体情况评估该服务的可用性及线上效果，并及时处理突发问题，修复系统缺陷。

13.2.2　AI 产品经理的工作路线

AI 产品经理工作的重点和难点主要有两方面。

1）业务创新。对于 AI 产品经理而言，相比对接 AI 需求、推进项目进度，深度创新往往更难，要求更高。上面描述的 AI 需求一般来自业务线，在业务推进和资源上已经有了一定的支撑，因而推进起来会比较轻松，但现在很多企业或业务线对 AI 需求是缺乏认知的。笔者与很多产品经理和业务人员聊过，他们认为 AI 很难应用到真实业务中，所以与业务人员沟通、适当地挖掘业务机会、探索新的场景是非常难的。

2）AI 算法的管理。当时我们有很庞大的 AI 算法团队，有 200 多人在做深度学习，我们对平台级 AI 产品经理的一项特殊职能要求是：协同多个算法团队，让每个团队都充分发挥自身优势，避免重复性工作，并支持他们建设完善的产品体系，提升算法研发速度，规范算法研发流程，合理节约服务资源。

当然上述工作内容非常多，对于这些工作，我们团队是分阶段完成的。具体的工作路线如下：

1）抽象底层服务；

2）算法版本管理；

3）深入业务挖掘重复性劳动，用 AI 实现这些需求。

1. 抽象底层服务

在 AI 项目初期，为了迅速推进项目落地，一般会采用项目化的方式进行，同时对接多个业务需求，每个业务需求都会有独立的 AI 服务。但随着时间的推移，服务数量日益增长，最终达到难以维护的规模。实际上，在这些 AI 服务中有很多算法的底层极为类似甚至完全相同。比如人脸算法是非常底层的算法，在智能审核、广告、封面图自动生成等业务中都有重要的应用。可以看到，同样的算法，由于需求点不同被封装成了不同的服务，这对于算法研发和计算资源都是浪费。抽象底层的算法服务，统一支持上层的各种业务需求，就能显著减少服务数量，降低服务管理成本和算法研发成本，节省计算资源。

2. 算法版本管理

AI算法与上面所说的AI服务有同样的问题。为了提升算法效果，算法工程师会为每项业务都训练独立的算法模型。长期下来，这样会形成模型堆积，导致我们很难知道算法工程师的产出到底有多少个模型，每个模型的能力如何。这一点充分体现在算法工程师的周报上，每周你都能看到某某模型将精度、召回率提升了多少个百分点，但从实际的线上业务指标上却看不到什么变化。这有很多原因，也是算法与工程化业务之间的差异，它主要体现在算法工程师个体的认知上。很多算法工程师并没有将业务作为第一优先级，他们从学校毕业、参加工作以来一直没有深度接触过业务，也没有业务指标的直接压力，再加上过于学术化的管理方式，造成了这种认知。很多AI项目的问题是缺乏企业级的管理，而产品经理的职责之一就是将算法模型透明化，通过算法版本管理，明确不同算法版本之间的差异，了解算法当前的研发方向和进度，并从产品层面很好地集成多个不同能力的算法模型，从而向上汇报真实的算法业绩。

3. 深入业务挖掘重复性劳动

探索业务应用AI的可能性，也许是AI产品经理工作中最具挑战性也最有意思的部分，因为AI创新往往是颠覆式的，我们能从中获得丰富的业务知识与巨大的成就感。当前AI的潜力还很大，甚至可能超出我们的想象。现在AI的行业应用主要也就有安防、医疗、量化交易、无人车、推荐、语音这么几个方向。视频和信息流直播领域的AI其实还算小众，在开始视频领域的AI工作之前，笔者很疑惑：AI在视频领域是否真的有应用价值和空间？而我们的业务规模说明了一切。笔者还看到许多有很大潜力且尚无人探索的业务方向，这令笔者无比激动，并坚信AI是未来应用发展的方向。这里简单介绍三种重点思维，希望可以帮助大家发现更多可以应用AI的场景。

第一，放空心态，这一点是最重要的。人脑中有个部位叫作海马体，它是用来控制记忆的。笔者曾经读过一篇相关的研究文章，该文章描述了海马体是怎样影响人对外部世界和时间的感知的。其中让我印象最深刻的是人对于新鲜事物的判断。人们对于新鲜事物或新的外部刺激的印象会更加深刻，会感到时间仿佛变慢了。小时候，我们面对这个大千世界，所有的事情都是那么有趣，时间过得很慢，但当我们成年后，时间好像过得很快，快得让人难以置信，似乎大部分记忆和时光停留在了小时候。之所以会这样，是因为我们习惯了周围的环境，海马体变得迟钝，没有充分发挥作用，致使我们对周围事物的感知越来越弱。因此，如果你想发现新鲜的东西，就要换一种思维、换一种逻辑看世界。你会豁然开朗，发现事物的另一面，这是一种非常神奇的体验。这样你才能突破默认的设定，重新思考，发现事物的特点。

第二，要足够深入业务。我们现在针对的很多 AI 场景可以说只是表象的业务，而很多业务有更深层的业务逻辑或操作过程，还有很多尚待挖掘的过程。AI 很难进入大众的视野，并且真正深入业务的人不懂 AI，懂 AI 的人又很难有机会深入业务，导致有大量机会还没被深挖。13.3 节中的案例就是我们在了解业务的过程中发现的需求。

第三，判断一件事或一个业务是否有重复性劳动的特性。这一点其实非常简单，难点就在于如何用新的视角看待事物。

13.3　AI 技术在视频平台上的应用

接下来介绍笔者所参与的在视频平台已实际落地的 AI 项目。

根据笔者所在团队的探索，视频从上传到推送到观众面前有以下几个重要节点。

- ❑ 审核：视频上传后，平台首先要审核视频是否合规。
- ❑ 视频封面选择：封面是视频吸引用户的关键，合适的视频截图对点击率非常重要。
- ❑ 视频拆条：因互联网视频和新媒体短视频内容平台的需要，对传统电视媒体节目进行二次加工，将其拆分成多条视频。

由于平台的视频量非常大，这些工作如果完全由人工完成，不仅耗时耗力，而且效果不一定好。而将 AI 用在这些环节中可以提升效率，增加生产力，是非常好的 AI 落地场景。

13.3.1 案例1：智能审核

1. 智能审核的背景

审核业务应该是目前视频 App 场景的标配业务。视频平台需要严格把控，以保证视频的质量和内容的合法合规性。因此审核是一项非常重要的业务。而智能审核的应用契机就在于，每天平台上的视频和信息流数量都是百万级别的，而人工成本很高，不可能所有视频都由人工一个个地过。对于视频平台而言，如何精准发现视频中的问题同时降低审核成本、提升审核人效是非常实际的问题。

2. 智能审核的难点

审核这个业务说起来很简单，只要找出违规内容就行了，但随便数一下，仅涉黄、涉暴等违规内容大类就有几十类，处理难度不是一般的高。这倒不是因为算法能力有问题，而是数据难以获取。对于违规内容大类，我们很难收集到足够多的数据集，而没有大规模的训练数据，算法就很难训练出一个能用的模型。我们对一个人大概描述一下什么样的内容算违规，虽然有些样本他没见过，但他也能推测出什么场景会违规。而目前算法并不具备什么推理能力，没见过的数据类型它就无法判断。所以数据是目前也是未来很多年的一个主要的制约因素。如果算法真的可以通过某种描述或小样本进行学习，那就离强人工智能不远了。笔者预计，未来 5～10 年类似的场景都会有数据质量和训练样本量的问题。

违规内容大类的数据难以获取，其子类也有同样的问题。比如涉黄，一般人可能认为涉黄就是露点，但对算法来说这还不够，需要定义得更清晰、更明确。举个简单的例子，两个苹果中间放根香蕉，这种暗示类的图片也属于违规内容。其实涉黄内容可以分出数十种，每种类型都需要针对性很强的数据和模型才能有效处理。当下的审核业务面临一系列的数据难题，造成的结果就是很难覆盖全部类型，只能有针对性地打击部分类型的违规。这样在统计指标上看，命中精度就会比较低。为了不放过漏网之鱼，我们往往会进一步放低精度要求，增加问题图片的召回数量。这样就带来了另一个问题——错杀，即图片和视频被判违规，但实际上并没有问题。

算法还有一系列的工程化问题。因为业务的审核模式是人审加机审，而机审的效率必须高于人审，这样才能帮助人审提高效率，所以从对一张图片或一段视频发起审核服务请求起，机审必须在短短几秒内完成审核，并将结果推送给人审。这就对服务的大规模并发和算法处理性能有极高要求。业内一般采用分类算法作为审核算法，分类算法精度虽低但是速度较快。

3. 智能审核的业务目标平衡问题

审核服务是典型的算法指标极高的业务，并且从长期来看，算法和数据很难完全满足业务需求。这意味着单纯靠 AI 是无法满足业务需求的，这时产品经理的重要性就凸显了。产品经理需要考虑如何设计审核服务方案和策略才能更好地规避算法问题，并且给算法迭代的机会，同时逐步满足业务的需求。

我们当时调研了很多做智能审核的第三方厂商，并对市面上规模最大的第三方厂商的审核业务进行了较深入的调研。我们发现，由于业务属性的不同，不同类型公司采用的审核模式和解决方案有很大差异。最主要的差异在于推荐的模式不一样。我们是做常规推荐的，会给很多长尾流量曝光的机会，而第三方厂商采用的是集中头部曝光的策略。它们可以通过推荐算法和推荐策略直接去掉绝大多数的长尾流量，这些流量几乎不会有什么曝光机会，所以安全性就很容易管控。但对于长尾类推荐的业务形态，你需要关注每一个流量，而这会对审核系统提出更高的要求。

对于算法的瓶颈，为了最大限度地提升服务的可靠性，提升人审效率，产品经理需要在准确率和召回率中做出选择：是召回更多违规信息，同时造成大面积误杀，还是冒着违规的风险，保障用户的信息不被误杀。这种决策非常考验产品经理对于业务的洞察能力，并且需要产品经理有足够大的勇气和自信推进自己所选的方案。你的任何决策都有一定的风险，这并不是非黑即白的选择，所以非常困难。你还需要从各种维度对比这两个方案的优缺点，比如：量化误杀和漏放的数量对比，是否需要有多个算法覆盖，是否有数据无法实现闭环、影响模型长期迭代，是否有其他产品策略弥补对应的方案缺陷，两种方案的人效对比，等等。这里面涉及的问题非常复杂，没有接触过 AI 的读者可能很难理解精度和召回率的取舍问题。篇幅所限，这里就不展开了。总之，产品要在算法能力出现瓶颈时做出重要决断，要有破釜沉舟的勇气。不管执行哪种方案，产品经理都需要有极强的执行能力和业务直觉。

图 13-1 展示了我们的智能审核服务的主体框架。底层是各种违禁场景的算法，人审请求在大规模调用的情况下会走队列进行处理，不同的渠道和配置信息在输入调度策略后会根据业务属性走不同的处理通道，最后会将处理日志和回调结果返回。

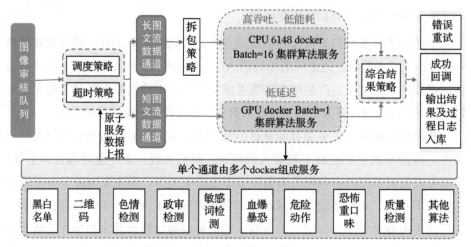

图 13-1　智能审核服务框架

13.3.2　案例 2：智能封面图

1. 智能封面图的背景

封面图是用户快速感知视频内容的重要窗口，它与平台整体的调性与美观程度直接相关，好的封面图更容易吸引用户点击并长时间在 App 内停留。不同站点的调性不同，给人的视觉冲击力也完全不同。以往我们通过大数据手段只能控制推荐内容，现在有了 AI，我们还能提升视觉冲击力。通过 AI 技术提升封面图的美观程度已成为非常重要的系统性工作。

2. 主观类算法的要点

评价一张图是否好看是非常主观的，不同的人对美的感受各不相同，所以不能简单地将图标注为好看或不好看后作为训练集。评价一张图好坏的这类算法是主观算法。主观算法对产品经理来说是非常难的，因为只有定出好坏的标准才能指导算法的方向，但好坏是主观的。能否准确定出主观算法的好坏，可以用来衡量一个策略产品经理的水平。

关于主观算法，笔者总结了三个要点，可以用来有效地把控算法的研发方向和算法能力。

第一，寻找负面标准。这个要点的逻辑是：描述事物有多好往往很难，但发现其不好的地方一般很容易。将负面标准一一梳理出来，如果一个事物满足其中一项，我们就认为它不够好。这能为算法打下一个基线，防止算法偏离控制。

第二，拆解。这个要点是指把一个主观问题拆解成多个单一维度。比如，要衡量一张图片是否好看，可以从以下几个维度进行评估：图片的内容是否丰富，如果缺乏主体对象，那么会显得空旷；图片中是否有人，人像是特写、近景还是全景，表情如何，是否漂亮；图片的色彩和物体丰富程度；图片的纹理和材质是否异常；图片是否有模糊、黑边、扭曲等问题。通过细粒度地拆解可以帮助算法工程师明确业务需求，研发粒度更细的算法模型，并针对每种算法建立长期的迭代和监控机制。

第三，对算法进行测评。由于个人意见存在主观性，算法训练完成后，需要多人轮流测评，每个人都可以投票和发表意见。最后综合各种结果，判断算法是否具备上线条件。

3. 深度产品化方案

AI 的深度产品化是指基于 AI 算法，形成一个有前端、有后端、有服务、有数据闭环的产品。

大多数 AI 算法最后会以 API 服务的形式输出，主要原因是 AI 能力通常只是业务中的一个小环节，整体的业务产品线还是在业务侧，AI 平台一般只能推到 AI 服务的级别。但也有少部分业务是 AI 独立创新的，也就是说，没有这种 AI 能力，业务就不可能存在。这种业务就可以从 AI 算法发展成 AI 产品。比如前文所说的智能封面图就包含美学评估的算法能力，同时有前后端，可以集成一些交互能力，让用户根据自己的需求选择制作图片的类型、配图风格、配图素材等，并融合图片的分辨率增强、色彩增强等多种算法能力，最终生成一张符合美学评估的封面图或海报。

13.3.3　案例 3：智能拆条

1. 智能拆条的背景

当下短视频大爆发，想必大家都深有体会，而智能拆条就是把长视频拆短，充分利用长视频内容资源生产大量的短视频内容。想法是好的，但现实是骨感的。一般来说，影视、综艺、电视剧等长视频大多有上下文。以电视剧为例，如果你没看过前几集，直接让你看后面的某一集，你可能理不顺剧情的前因后果，甚至完全看不懂。短视频不同，它通常不需要逻辑，不需要剧情，只需要向你推荐好看的东西就行。智能拆条的最大问题之一是，长视频是连续的、有上下文的视频，而把它拆成一段段的短视频之后就很难把控内容的可看性，容易让大家不知道某段内容在说什么。

这是一些业务上的问题，但作为 AI 产品，智能拆条是视频及信息流产业里的一个非常重要的研究方向。视频的生产流程可以粗略分为素材收集与后期剪辑，而后期剪辑一般会挑选有意义或精彩的片段剪出来，然后再把多个片段拼在一起。智能拆条正好对应后期剪辑中的粗剪流程——把一段视频中的精彩片段剪出来。如果这项技术能够发展成熟，那么就意味着 AI 能大规模生产优质的片段，再搭配上一些产品化方案，也许就能大批量生产优质成片。传统流程上 PGC 和 UGC 都有类似的粗剪流程，而智能拆条会极大降低视频生产成本，可以算是这个行业最为核心的 AI 研究方向。当然，它的业务难度和技术难度都非常高。

2. 智能拆条的产品解决方案

上面讲了不论在业务上还是在技术上拆条都面临很多挑战，这里简单介绍拆条算法的逻辑，以及如何在产品化方向上弥补算法的缺陷，如何在业务应用领域更好地进行拆条。拆条算法的逻辑主要包括三方面。

第一，控制拆条视频的持续时长。这一点很好理解，不展开说明。

第二，保证拆条视频的连贯性。不推荐将连贯场景的某个时点作为拆条的切分点。比如，视频中的人还在对话，这时候肯定不能拆，否则就会出现话说到一半就被截断的情况。我们会判断场景是否连续，一般场景过渡的时点，比如从室内转向室外的转场，可以作为拆条的切分点。这时算法具备了拆条的基础能力——判断哪些时点可拆，哪些不可拆。

第三，只拆精华部分。不能只是简单地把一段长视频切成多段，不舍弃任何部分，而是要有选择地拆，因此算法需要具备判定视频精彩程度的能力。视频的精彩程度其实很难判定，有多重维度，比如视觉是否精彩，对白是否有冲击力，片段是否搞笑，是否贴合当下热点，等等。对于算法而言，每个维度的判定都非常困难，很难在短时间内达到人类的水准。因此对于精彩程度判定的解决方案是，算法先进行较粗粒度的过滤，然后推给人审，通过人工的方式保障拆条内容的精彩程度。同时，我们一般会选择拆拥有头部流量的内容，比如近期热播的电视剧，这样能有效控制拆条数量，不给人审造成太大的压力。这样拆出的视频片段会一条条地进入视频生产的流水线，最终被推到一些曝光位上。

由于业务的特点是长视频，所以一般的叙述性内容较多，导致拆条缺少上下文，用户看完毫无感觉。即便拆条视频有足够强的视觉冲击力，它也很难提升视频的整体浏览量。需要从产品上弥补这种问题，要主动营造上下文的逻辑，用拆条做一个视频片段，然后让用户自己根据这个片段拍一段视频，再把两段内容拼接起来，这样既能很好地解决缺少上下文的问题，又能增强与用户的互动，视频就会获得较高的流量。

第14章

数据产品经理在推荐中的价值

文 / 李凯东

今天，推荐已经不是一个陌生的词了，我们几乎无时无刻不被推荐系统影响着。今日头条、抖音、快手、百度、淘宝、京东等应用背后都有着强大的推荐系统在悄悄发挥作用，影响着用户，同时为企业带来利润。在知识社区或搜索引擎中搜索"推荐系统"这个关键词，你会发现几乎所有的结果都是与技术相关的。而把相关内容了解一下，你会感觉似乎整个推荐系统都是算法工程师做的。那么在这个过程中，数据产品经理到底做了什么呢？这一章就来介绍数据产品经理在推荐中的价值。

考虑到有些读者不太熟悉推荐系统，同时为了保持内容的完整性，本章首先会对推荐系统进行简单介绍，接着讨论影响推荐系统的三要素，并列举一些经典应用场景，进一步阐述数据产品经理的一些思考。最后，会给出一个对推荐系统进行竞品分析的案例。

14.1 推荐系统简介

在这一节里，我们先对推荐系统的概念进行简单介绍，得出推荐系统的定义，然后对推荐系统的技术架构进行讲解，让大家对推荐系统的架构有更深层次的理解。

14.1.1　什么是推荐系统

根据百度百科的定义，个性化推荐系统是一种建立在海量数据挖掘基础上的高级商务智能平台，以帮助电子商务网站为其顾客购物提供完全个性化的决策支持和信息服务。

《推荐系统实践》一书对推荐系统是这样介绍的："推荐系统的任务就是联系用户和信息，一方面帮助用户发现对自己有价值的信息，另一方面让信息能够展现在对它感兴趣的用户面前，从而实现信息消费者和信息生产者的双赢。"

而《智能搜索和推荐系统：原理、算法与应用》一书是这样定义的："推荐系统是能找出用户和物品之间联系的信息过滤系统。"

通过上面这三种定义，我们对推荐系统有了一个基本的了解。这里笔者还要再引入一些信息，帮助大家更好地理解推荐系统，然后为推荐系统下一个定义。

值得一提的是，推荐系统的存在前提是信息过载。如果信息太少，用户可以很容易地获取自己想要的信息，那么就不太需要推荐系统了。

推荐系统有以下三个核心要素。
- 信息：被消费的对象。这里的信息包括一切被消费的对象，常见的有资讯、商品、图片、视频，甚至人。
- 用户：信息消费的主体。
- 平台：为用户提供消费信息的主体。

推荐系统最重要的任务有三个。
- 实现用户的持续性的意图消费。
- 挖掘用户的潜在意图。
- 实现平台的运营目标。

第一个任务比较好理解。在信息过载之后，用户已经没有能力很好地获取自己想要的信息。让用户有消费意图的信息呈现在用户面前，并持续为用户提供喜欢的信息，就是推荐系统要承接的任务。

第二个任务的核心是让用户更好地认识自己，更健康地消费。比如，一个长时间看搞笑信息的用户，是否也想关注一下科技类的信息呢？是否需要了解一些理财知识？如果一个用户持续消费了初二物理的内容，那么他是否即将进入初三，开始对初三物理、化学等信息感兴趣呢？推荐系统有义务让用户更好地认识自己，而不能一味讨好用户。

第三个任务是绝大多数讲推荐系统的材料不会讲的。平台在不同阶段会有不同的运营目标，在不同的场景下也有不同的目的，所以推荐系统是不能通过一个模型来解决平台在所有场景下、所有运营阶段的运营诉求的。一般在平台的早期，快速的用户增长是核心的运营诉求，推荐系统就会偏向于吸引用户；而在平台的成熟期，最大化平台收益变成核心的运营诉求，推荐系统就要配合广告系统承担更多的兴趣收集、流量分配和用户流失阻止的责任。

通过上面的介绍，我们对推荐系统有了更为深入的了解。下面来对推荐系统进行一个新的定义：推荐系统是通过为用户提供其喜欢的信息并挖掘其可能喜欢的信息，最终实现平台运营目标的解决方案。有了这个定义，数据产品经理就能在推荐系统中更好地发挥作用。

14.1.2　推荐系统的技术架构

我们已经知道了什么是推荐系统，接下来深入推荐系统的内部，看看推荐系统的"庐山真面目"。

我们经常会听到一些推荐模块，如特征处理、召回、排序和重排等，下面笔者会给大家介绍一个全面的推荐服务常见架构，如图 14-1 所示。

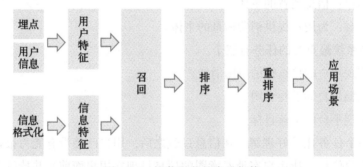

图 14-1　推荐服务的常见架构

对于第一次接触的读者来说，这些名词可能有点陌生，不过大家不要着急，接下来我们来对每一个模块进行解释。

（1）埋点

这里的埋点主要是指推荐系统模块内的埋点，用于收集用户的点击行为、模块的点击效果及负反馈等。关于埋点系统的知识可以查看本书姊妹篇《数据产品经理：实战进阶》的第 4 章。

（2）用户信息

这个模块包含用户的基础信息画像和兴趣画像。兴趣画像一般来源于三个部分：用户主动填写的兴趣信息、用户的离线画像和用户的实时画像。其中，离线画像又分为长期离线画像、中期离线画像和短期离线画像。

（3）信息格式化

根据信息的不同，信息的格式化方式不一样。比如在电商领域，商品的格式化信息包括分类（一般分为 3 ～ 4 个级别）、品牌、价格、规格等。如果是在视频领域，则包括标题、分类、标签等。关于信息格式化的内容会在后面详细说明。

（4）特征

将结构化的信息转换成模型支持的数据格式。对于产品经理来讲，这部分不需要深入了解。

（5）召回

在推荐系统语境下，召回是指从全量信息集合中触发尽可能多的正确结果，并将结果返回给"排序模块"。这个定义比较难懂，通俗地说，召回就是猜用户喜欢什么信息。常用的召回方式如下。

- ❑ 基于信息的召回：使用信息之间的相似性来猜用户喜欢什么。例如：用户 A 消费过了《唐人街探案》这部电影，那么我们就可以猜他可能还喜欢看电影《唐人街探案 2》和《唐人街探案 3》。
- ❑ 基于用户的协同过滤：首先找到与目标用户兴趣相似的用户集合，然后找到这个集合中用户喜欢的且目标用户没有消费过的信息。比如：用户 A 消费过了《钢铁侠》《蜘蛛侠》和《绿巨人》，而用户 B 除了用户 A 消费过的信息之外，还消费了《黑寡妇》，那么用户 A 就很有可能也喜欢《黑寡妇》。
- ❑ 基于信息的协同过滤：根据用户的行为记录计算物品之间的相似度。这里虽然说的是基于信息，但实际上是基于用户的行为记录，而不是信息本身的属性。比如：用户 A 消费了啤酒，而通过所有用户的行为可以看到，消费啤酒的用户几乎也都消费了尿布，那么用户 A 很有可能会消费尿布。这就是经典的啤酒与尿布的案例。（这个案例虽然被证实是虚构的，但是其中的确蕴含了很重要的算法。）

□ 热门召回：一定时间内的热门信息。比如我们经常看到的排行榜就是一种热门的概念。

□ 新召回：最近一段时间内生产出来的信息。对于刚生产出来的信息，我们也要给予一定的曝光机会。

□ 类别召回：根据用户消费过的信息进行同类别的信息召回。比如：用户 A 消费了户外类别的信息，那么用户 A 也应该喜欢看户外类别下的其他信息。

以上仅仅对算法进行了简单的介绍并举了一些例子，希望能够让大家对召回方式有个基本的了解，具体的算法会在后面讲解。

（6）排序

排序是指根据提前设定的目标对信息进行打分，使评分高的信息优先展示给用户。简单来说，排序就是让用户先看到什么信息。业内最常用的排序指标是 CTR（Click-Through Rate，点击通过率）。

这里介绍一些常用的评价指标。

CTR：点击通过率，是互联网广告领域的常用术语，指网络广告（图片广告、文字广告、关键词广告、排名广告、视频广告等）的点击到达率，即某广告的实际点击次数（严格来说，可以是到达目标页面的数量）除以广告的展现量。

CTR 的目标就是让用户尽可能多地消费信息。

CVR：转化率（ConVersion Rate），是一个衡量 CPA（每行动成本）广告效果的指标，简言之，就是点击广告的用户中有效激活、注册甚至付费的用户的占比。

CVR 更关注转化，所以它不仅对推荐的结果要求很高，对落地页的要求也非常高。

人均使用时长：全平台用户在一定时间内使用时长的平均值。一般以天为统计的时间范围，以秒为单位。

这个指标更关注用户的信息消费，强调用户持续性的停留。

信息相关性：推荐的信息和主信息的关联程度。

这个指标旨在让用户在持续的兴趣下进行连续的信息消费。

（7）重排序

重排序是根据用户最终的使用体验及运营的需求进行排序结果的重新排序。在重排序阶段有一些经常会思考的因素，包括但不限于以下这些。

- ❑ 去重：在信息流的推荐场景下，用户不希望看到重复的信息，所以我们需要对已经曝光过的信息进行过滤。
- ❑ 频控：对于具有某种相同属性的信息，在一定时间内只允许出现一定的次数。这里一定的时间可能是一次请求、一个用户会话周期或者一个复购周期。
- ❑ 打散：这个过程经常是多种策略的叠加。常见的打散策略有不允许同一个账号的信息连续出现，一次请求内相同类别的信息最多出现多少次，相同类型的信息最多连续出现两次等。
- ❑ 惊喜：在推荐的场景中，平台希望更好地获取用户的潜在兴趣，于是就会给予对于用户是惊喜的信息一定的加权，让这些信息获得更多的曝光机会。
- ❑ 长尾加权：得到曝光机会少的内容将会在最终展示的时候获得更多的曝光机会。

（8）应用场景

应用场景指的是推荐算法最终被用户感知的信息消费方式。

常见的应用场景有信息流、实时相关推荐、底层页相关推荐、账号相关推荐等。网上很多文章的重点在于排序部分和召回部分，而且信息侧重于算法，但实际上应用场景才是思考推荐系统的起点，也是推荐系统中最重要的部分。至于为什么应用场景是最重要的部分，将会在 14.4 节讲解。

到这里，已经介绍完推荐系统的主要模块以及相关的知识点，而且对整体系统的讲解不涉及任何深奥的算法知识。希望读完以上内容，大家能够对推荐系统有一个成体系的通识性了解。

14.2　关于推荐系统三要素的思考

在 14.1 节中我们知道了推荐系统的三要素是信息、用户和平台，在这一节里，我们将会对这三要素进行深入讨论，让大家了解每个要素是如何影响推荐系统的。

14.2.1 信息维度

推荐系统并不是一蹴而就的，会随着项目的成长不断进化。在推荐系统的三要素中，基础性的依赖就是信息。

在平台的初始阶段，信息量一般都很少，用户的行为数据也比较少。数据量少导致的主要问题是数据稀疏和推荐量不足，因而不太适合使用比较复杂和行业成熟的模型。用户行为少会导致用户画像不完善和计算准确性不高，而且直接使用完整的推荐系统架构对于硬件资源的浪费会比较大。这个时候，推荐以人工运营为主，以推荐系统为辅。

类似于爱奇艺这样的平台，由于长视频领域的数据量不够大，因而依然可以划到信息量较少的阶段。

这里介绍几个在这个阶段常用的人工运营方式。

1. 热门

这是最常见的运营方式，而且几乎占据了最大的流量入口。产品形式包括独立标签页、顶部运营位、猜你在追的部分位置以及首页的其他重要位置。

我们可以打开爱奇艺的网站看看它的推荐首页。这个首页给人的直观感受是，推荐系统应用得比较少，而热门随处可见。在紧随其下的顶部导航图中，除了广告，都是当前最热门的信息。"猜你喜欢"版块的第二个就是当前爱奇艺独播的热剧，同时在"猜你喜欢"的右侧有一个很大的标签"大剧热综抢先看"。而下面就更直接了，直接就是"热播"运营区。

2. 榜单

榜单是一个对用户有很好的引导作用的方式，而且在各个平台上的引流效果非常好。榜单的类型有很多：有基于平台行为的，如热播、好评、上新榜；也有基于行业评价的，如豆瓣评分榜和百度搜索热度等；还有基于某种特定信息的，如奥斯卡系列和315上榜企业等。榜单的形式多种多样，这里列举了常见的形式，仅供参考。

3. 垂直分类

垂直分类是一种对信息的细分方式，不仅能够对用户兴趣进行一定的区分，而且能够对信息进行比较好的检索，因此它也是一种十分常见的运营方式。比如，京东 App 把热门和有大活动的品类放在了顶部标签页，同时在顶部标签页的最右侧和底部导航栏的第二个位置都加入了分类入口。

4. 特定聚合

不同的平台会根据当前平台用户的特点或者某种特定的方式对信息进行重新组织，形成一个独立的入口。图 14-2 所示为某抖音视频页面，在这个页面里有几个连续使用的入口。比如：点击"道具"的位置之后可以进入拍同款的页面，既可以自己进行拍同款的操作，也可以看到其他使用了同款道具的视频；点击底部抖音音符位置的歌曲名称以及底部右侧的转动胶片位置之后，会出现使用了这个音乐素材的视频入口。

图 14-2　某抖音视频页面

随着平台信息量的增加，推荐系统会发挥出越来越大的作用。不能盲目地直接使用全能力的推荐系统，而需要根据平台的信息量规模进行合理规划，以能满足当前运营的思路进行系统和硬件的升级。适合的才是最好的。

14.2.2　用户维度

推荐系统的第二个要素是用户。如果说信息是推荐系统的基础，那么用户就是推荐系统的核心。推荐系统正是在信息的组织形式从信息本身到用户视角的转换中大放异彩的，随着今日头条和淘宝等应用的大获成功，它被越来越多的人熟悉和接受。但用户在平台中是有生命周期的，我们可以简单地将用户生命周期分为用户冷启动、冷启动承接、用户画像培养、完善的用户画像、用户流失这 5 个阶段。在不同阶段，我们需要进行的思考完全不一样。接下来我们会根据不同的阶段来介绍数据产品经理要做的事情。

1. 用户冷启动阶段

用户冷启动是指新用户来到平台，平台掌握的用户信息极度匮乏的阶段。冷启动一直是产品设计中一个非常难的阶段。推荐系统的核心是用户，如果拿不到用户的画像，那么推荐系统就会退化成一个与规则系统差不多的系统。在这个阶段，算法能提供的帮助相对较小，而数据产品经理采用的策略更加重要。

在这个阶段，让用户留下来是平台最大的追求，所以我们要在尽可能短的时间内让用户爱上平台。我们可以做的就是，让"冷"的用户不那么"冷"，让"冷"的用户也能爱上平台。

关于让"冷"用户不那么"冷"，目前已经有一些解决方案了。

❑ 利用用户的定位信息。这一信息可以补充用户所在城市的画像。有了它，就可以进行相关的信息推荐。很多应用设有"同城"导航页。

❑ 利用用户的设备类型信息。有了这一信息，就可以向用户推荐一些与设备相关的信息。比如用户使用的是苹果手机，那么就可以向用户推荐一些苹果手机配件和维修的信息。

❑ 利用用户手机的应用列表。这个在移动应用的早期被疯狂使用，平台可以通过对用户手机上的应用进行算法建模，提升推荐系统的效果。但是现在国家已经禁止了这方面的信息获取，这一个技巧也将会退出历史舞台。

❑ 利用数据中台中存在的用户。这个在拥有应用矩阵的平台里会被用到。例如一个平台有两个应用,用户甲是应用 A 的忠实用户,但是第一次使用应用 B,这样用户对于应用 B 来说就是冷启动用户,但是由于应用 B 和应用 A 的数据在数据中台中进行了整合,因此应用 B 原则上可以获取用户在应用 A 中不涉密的用户画像。这样也可以在一定程度上解决用户冷启动的问题。

❑ 用户社交关系。通过引导用户导入手机通讯录而增加用户的社交信息,从而进行相关的信息推荐。当然这里除了手机通讯录,还有其他社交关系,比如微信在冷启动时导入了 QQ 关系。社交关系可以快速拉近用户与平台的关系。

除了让用户"热"起来的操作,还要做一些准备,以让用户快速爱上平台。所用的策略在整体上有两种假设:一种是大部分人喜欢的,新用户也可能喜欢;另一种是用利益让用户感到满足。例如,提供今日最热门信息、本月最热门信息、重大事件信息、秒杀信息、30 日内最低价信息、大牌半价信息等。

2. 冷启动承接阶段

冷启动承接阶段实际上是和冷启动相伴随的阶段,旨在在最短的时间内捕获用户的兴趣,并给予反馈。

在这个阶段我们的主要思考包括如何进行兴趣的实时捕捉和反馈(通过实时画像进行后续推荐信息的调整),以及如何根据当前消费的信息进行快速的实时插入和展示。因为在这个阶段画像还不稳定,所以思考应该捕捉什么画像并给予快速反馈非常重要,同时也要考虑根据不稳定画像反馈的信息在总信息中的占比。

同时,利用有些信息本身具有的系列性,比如小说的连续性章节、电影的系列、电视剧的剧集和同一账号下信息的最新更新等,可以强化用户的画像。

由于技术和平台策略不同,这个阶段未必存在,或者即便存在,也不容易被感知到。

3. 用户画像培养阶段

在用户画像培养阶段,用户已经在平台上进行了一定量的信息消费,我们要进行一定的用户兴趣探索,从而更好地满足用户。

在这个阶段，我们主要思考的是兴趣探索与原有策略的信息比例。不能因为画像探索而让用户产生强烈的抵触情绪。

同时，在这个阶段一些商业化的信息逐步开始有曝光的机会，不过比例一般都很小，而且与用户画像的相关性很强。

4. 完善的用户画像阶段

这个阶段的用户已经成为平台的忠实用户，用户的画像信息也比较完善了，因此该阶段是推荐算法施展魅力的阶段。

在这个阶段，除了满足用户多样化的信息消费需求，平台还要开始思考如何进行价值转化。广告系统及智能投放系统都开始随着用户的消费行为运转。

因此在这个阶段我们更多的是思考：如何进行流量分发，包括对某些类型的信息进行扶持、对某些信息进行打压和某个信息的同时在线消费保量等；如何做商业转化，包括广告和智能投放等；如何优化整体的用户消费流程，包括消费信息的图片和浮窗的消费形式等；如何进行算法的持续性迭代优化，包括A/A测试和A/B测试等。

5. 用户流失阶段

在这个阶段，用户的消费行为开始大幅减少，因此平台要开始尽可能吸引用户，留住用户。这个阶段的目的与冷启动阶段很像，但又有不同的地方，因为在这个阶段已经有了比较完善的用户画像，我们可以根据用户画像采取吸引用户的策略。这里将不再考虑商业化的元素，也不会进行探索行为，而会根据用户喜好的持续性进行信息曝光。

14.2.3 平台维度

平台的发展阶段可以简单概括为发展初期、成长期、稳定期和衰退期。

1. 发展初期

在这个阶段，平台要为启动做准备。要思考推荐的启动信息数量以及接下来一段时间内的日信息更新数量，要考虑如何进行信息分级和敏感信息的特殊处理，还要考虑在资源有限的情况下如何选择技术方案。

推荐系统的启动成本要比采用传统信息组织方式的平台高。此外，并不是所有的平台都适合上推荐系统，而且在平台的不同发展阶段，推荐系统扮演的角色也不尽相同。

2. 成长期

在这个阶段，可以根据平台的诉求和硬件的约束对推荐系统进行迭代升级，可以适当地提高复杂度。同时需要着重注意对新的信息生产者的扶持，使生产生态进入良性循环。

3. 稳定期

在这个阶段，平台要思考的是如何利用算法让用户的平台价值最大化，其中的关键是生态指标和商业指标的平衡。

4. 衰退期

进入这个阶段，平台需要思考的就是如何合理优化资源。推荐系统开始进入退化阶段，正好与成长期相反。

14.3　推荐系统的 A/B 测试

这一节并不是介绍 A/B 测试系统的，关于 A/B 测试系统的内容大家可以阅读本书姊妹篇《数据产品经理：实战进阶》的第 7 章。这里主要介绍对推荐系统应用 A/B 测试时应当如何思考。

在推荐系统稳定之后，算法的优化并不一定能够实现运营效果的提升，A/B 测试就显得尤为重要。对推荐系统进行 A/B 测试的时候，为了保持效果的稳定性，要先进行 A/A 验证，再进行 A/B 验证。此外，测试需要持续一定的时间，以验证效果的显著性。这里的"显著性"就是通过一定的计算，判断一个指标的提升或者降低是否被认为是确定的。

A/A 测试指的是，用完全相同的方案在两组不同的人之间进行一定时间的测试。观察推荐系统的主要评价指标，如果这些指标的提升或者降低都不是显著的，那么就代表当前的分组测试是正确的。在 A/A 测试完成之后，就可以进入 A/B 测试的阶段。如果在 A/B 测试阶段推荐系统的主要评价指标有显著性的提高，就证明算法的优化是正向的。

如果 A/B 测试系统实现的都是这样的优化，就会陷入数据验证的陷阱。因为 A/A 测试和 A/B 测试都需要资源投入，如果完全依靠 A/B 测试来优化推荐系统，很有可能会陷入一个恶性循环，特别是当推荐系统进入稳定期，而推荐算法又没有革命性突破时，可能会陷入长时间的实验效果不稳定或者多个指标正负向冲突的状况。

实际上 A/B 测试有一个非常重要的前提，那就是先验假设，也就是说，数据产品经理在推荐系统中更应该做先验假设的主导者。对场景的理解越深刻，就越能够选择合适的算法，做出更优的先验假设，更好地实现运营目标。

14.4 关于经典应用场景的思考

推荐系统是一个完全场景导向而不是算法导向的系统。因为场景决定了用户操作行为和平台的目的，所以场景才是推荐系统在真正落地时的思考起点。接下来我们通过三个经典场景介绍数据产品经理在这些场景中的思考，同时让大家体会到，场景改变了，思考就会随时而改变，而算法只是其中的一个模块而已。

14.4.1 电商信息流

信息流是推荐系统中最重要的场景，而电商是较早引入信息流的行业，因此我们第一个介绍的就是电商信息流这个经典的场景。

我们首先介绍电商的信息特点、购物流程及用户特点，然后介绍在这个场景中数据产品经理应当如何思考。

（1）电商的信息特点

电商是以销售为目标的，而商品的数据准确性至关重要，因此无论是电商平台本身还是第三方商家，都会尽可能地完善商品信息。所以电商信息的数据结构及数据准确性都是非常良好的。

（2）电商的购物流程

电商的购物流程主要是浏览、加购、下单和支付，而电商平台的主要目标是引导用户完成下单和支付，所以电商的推荐是以让用户下单为目的的。

（3）电商的用户特点

电商的用户主要有两种购物方式：一种是有需求，在电商平台通过搜索或者类目导航进行购买；而另一种是无目的性的购买，也就是以活动或者兴趣引导的购物行为。而兴趣引导最主要的承接场景就是推荐。

信息流推荐的基础是用户画像，基于用户画像的推荐会让用户觉得推荐系统更懂自己。此外，热门的以及优惠的信息也可以让用户感受到值得购买。在电商已经日趋成熟的今天，虽然应用与电商的推荐架构及通用推荐算法已经比较容易了解到，但是在算法之上，我们还可以采用更多的策略，让推荐的效果更好。比如可以给出如下策略。

1）对于具有复购属性的商品，在快要达到复购周期的时候进行曝光。推荐系统中常用的算法不能很好地捕获复购商品，而复购的商品具有很高的转化率，所以我们要制定合适的商品复购策略。

2）商品的优质程度应该是重排的重要因素。在曝光的内容中很可能会有同质的内容，在最终呈现给用户的时候，优质的商品会形成更好的购物闭环。

3）相似商品、同质商品和相关商品的定义对用户购买非常重要。碧根果、巴旦木、杏仁和榛子是相似商品，如果用户购买过其中一种，那么我们可以向其推荐其他相似商品。电风扇、落地扇和冷风机是同质商品，如果用户购买了其中一种，我们就应该尽量不推荐其他同质商品。手机壳、充电宝和手机是相关商品，在用户购买了主商品手机之后，我们就应该向其推荐其他相关商品。

4）同阶段购买商品。这是目前推荐相关算法几乎无能为力的地方，但同阶段购买商品对销售额提升有很大帮助。比如一个用户在今年春季购买了小学二年级的图书，那么在今年秋季就应该向其曝光小学三年级的图书了。再比如用户加入了平台的宝贝计划，录入了孩子的出生日期，那么在孩子的不同年龄段，就可以曝光孩子和妈妈在这个年龄段最需要的商品。

5）本地化的重排序。根据调研分析，如果用户在点击了某个商品之后能够连续看到相关的商品，那么用户连续点击和购买的概率都会增加。而我们常用的方式是一次加载一定数量的商品，只有在下一次刷新的时候才能获取最新行为反馈的数据，这样可能就错失了最佳的反馈时机。因此在本地快速实现行为反馈是一个很有价值的策略。

6）个性化曝光信息。如果用户看到的内容与自己的相关性很高，或者有利益相关，那么用户的点击和购买概率会大大增加。很多淘宝的商品图片上有买几送几、满多少减多少的字样，就是这个原因。实际上，像"一岁宝宝的妈妈都在看"和"您的尺码仅剩 × 双"这样的个性化曝光信息，都很有可能提升点击和购买的概率。

　　以上策略不存在优先级，而且有些策略需要有大量的技术做支撑，这里只是为大家提供一些思考的方向，核心是想告诉大家，数据产品经理可以在推荐系统的优化过程中发挥非常重要的作用，而不只是 A/B 测试的配置员和数据报告的编写者。推荐系统不只是基于已有数据和目标的逻辑优化，而更多的是业务目标下的解决方案思考。既要从推荐架构的全流程思考如何优化，也要思考是否需要当前数据之外的数据，更要思考业务目标下所有可能相关技术对推荐的贡献。

14.4.2　长视频底层页推荐

　　长视频底层页推荐是一个完全不同于信息流的场景。在这个场景中，虽然最重要的依然是让用户产生持续性消费，但是却与信息流有一个非常重要的不同，那就是可以将当前正在播放的信息视为用户确定性喜欢的信息。因此我们不需要在用户的整个画像范围内为用户推荐，而只需基于当前信息为用户推荐信息。长视频底层页推荐更像是一个多关键词综合性搜索的结果页。

　　目前底层页主要的展示样式有以下三种。

　　（1）网站和 Pad 端等大空间的样式

　　在这个场景下，一般都会有主演演过的电影区域、排行榜区域和推荐位（一般不少于 10 个）。长视频平台已经进入成熟阶段，每一个功能的设计都是经历过考验的，这三个模块都是比较成功的承接方式。主演演过的其他电影是一个很重要的策略，在其他的底层页场景中是一个非常好的召回策略，而且在排序中有很大的权重。排行榜代表了全站热度，同样是非常重要的召回策略，但是在底层页中却未必有很大的权重，这一点将在后面的场景中介绍。接下来我们来看最重要的推荐模块，看看我们需要思考什么。

　　1）底层页是一个兴趣确认页面，我们要尽可能在这里对用户的兴趣进行确认加深。视频拥有多个标签的结构，不像电商场景中的商品是确定的购物需求，因此我们最好在视频最主要的标签维度下进行标签确认，以让推荐的信息更精准，让用户更愿意继续播放。

　　2）底层页推荐的行为如果是一个序列，那么确认加深是非连续的序列，也就是具体的底层页，我们要尽量将计算的范围锁定在当前视频的标签范围，而不是让完整的用户画像影响底层页的推荐。用户兴趣的确认加深会让后续的推荐越来越准，在底层页形成相对封闭的兴趣方向的内容。

3）由于位置比较多，有 10 个，可以考虑在最后一两个位置曝光基于用户其他兴趣的视频。这样可以比较好地兼顾兴趣锁定和兴趣延展。

可以看到，我们并不单纯追求点击率，也不单纯优化算法并用 A/B 测试验证是否稳定提升。

（2）H5 页面或小程序类的样式

这个场景的基础思考逻辑与第一种样式基本一致。如果信息曝光的数量比较少，我们就不用考虑兴趣延展；如果信息曝光的数量比较多，那么就要加入兴趣延展。同时，对于在第一种样式中说过的排行榜和主演演过的电影都要按照一定的比例进行曝光。这里可以看到展示样式不同，策略也会变得不同。

（3）手机应用类的样式

在手机的样式中基本都会设置自动播放，因此它是在三个样式中最需要快速进行兴趣锁定的。也就是说，当连续播放两次底层页视频的时候，当前视频的底层页推荐就需要抛弃通用的底层页推荐逻辑，进入兴趣锁定的推荐逻辑，快速形成信息茧。

14.4.3　短视频实时插入推荐

这是一个很有意思的场景，因为在不同的上级场景中有不同的平台策略，所以推荐策略也会有所不同。

短视频的实时插入是最快速的用户反馈方式之一。这里面需要先思考平台的整体运营策略，然后再决定如何进行视频的曝光。

（1）兴趣锁定

所谓兴趣锁定，就是持续性地自动播放相关视频，让用户沉浸在信息茧之中。它与底层页推荐的思路相似。这样的方式会让流量完全处于推荐系统的掌控之内，流量预估和流量控制也会相对稳定。

（2）信息的连续性

这种策略也就是让用户对视频的消费具有一定的连续性。通用的连续性做法包括：在一个视频播放完后继续播放该视频所在系列中的后一个视频，直到播放到系列的最后一个视频；或者在一个视频播放完后继续播放该视频所属账号下的视频，直到将该账号下所有未播放过的视频都播放完。当然并不是所有的账号都适合连续播放，优质且内容高度垂直的账号十分适合。

（3）行为的连续性

沉浸式的应用并不希望用户进入信息茧，在这样的平台策略之下，实时插入并不会在当前视频的下一个视频出现，而是在后面的某个位置出现。这样既可以在一定程度上让用户更好地消费，也不会过快地让用户画像锁定。

在这一节中，我们讲了在三个经典的场景中如何进行策略性的思考，主要是想告诉大家数据产品经理在推荐系统中的重要性，并引导数据产品经理进行策略思考。这里要补充一下，策略背后可能有大量的研发工作支撑，特别是很多 AI 能力的引入，也会引入更多的可能性。因此，我们既要看到数据产品的重要性，也要看到技术的重要性；既不要过于看重算法，也不要轻视相关的技术。

14.5 短视频平台推荐系统的分析

由于推荐系统给每个人的推荐结果都是不一样的，很多产品经理会有一个疑问：我们如何对推荐系统进行分析呢？虽然我们不能通过自己使用的结果就对推荐系统进行成体系的分析，但这并不代表推荐系统是不能分析的。这一节将为大家介绍如何对一个推荐系统进行分析。

14.5.1 产品经理竞品分析的基础架构

竞品分析是产品经理的基础技能，也是一个非常重要的技能。这里简单介绍一下竞品分析的基础架构，以便与后面的推荐系统的分析做个对比。竞品分析因侧重点不同，结构也不完全相同，这里介绍一个相对完整的基础架构，仅供参考。

❑ 分析目的：这是竞品分析中最重要的，因为它限定了分析的范围和方向。

❑ 行业背景：这是非常重要的环节，也是很多人忽视的环节。行业的大趋势会影响竞品的选择及最终的结论。这个环节常用的分析方法有 PEST 分析法。

❑ 竞品选择：行业背景环节做得好的话，会对竞品选择及竞品分类有一定的影响。要给出选择竞品的理由。

❑ 竞品分析：这是竞品分析最核心的部分，主要的分析方面有产品定位、功能、核心用户、运营方式和盈利模式。在这个环节还需要总结每个竞品的亮点。

❑ 分析总结：这里需要汇总所有竞品的优缺点、自己公司的优缺点，并分析最重要的结论。这个阶段常用的分析方法有 SWOT 分析法。

本节不是专门讲解竞品分析的内容，所以这里仅仅列出基础的框架。这个分析的过程几乎都是通过确定性的信息得出结论。但是到了大数据时代，非常多的系统已经不能通过数据直接得出结论，那么我们该如何做竞品分析呢？下面会用一个案例给大家一些启发。

14.5.2　推荐系统竞品分析的特点

推荐系统是一个为每个用户量身打造的系统，而且还是一个不断进化的系统，我们很难通过个人的直接使用数据进行分析。这里列举一下推荐系统不同域常规产品的竞品分析的一些特点。

1）用户消费阶段不同，数据反馈不一样。

2）信息丰富阶段不同，数据反馈不一样。

3）平台发展阶段不同，数据反馈不一样。

以上三点已在 14.2 节中进行了讲解。

4）用户的画像改变会影响数据的反馈。用户在消费的过程中，每一次点击都会被记录成用户画像，而用户画像的改变又会反过来影响推荐系统给用户的数据反馈。

5）平台整体用户的行为会影响单一用户的数据反馈。推荐系统不仅会根据用户自己的画像反馈信息给用户，也会根据整个平台的用户行为挖掘用户可能喜欢的信息以及热门信息反馈给用户。

6）算法的不断迭代会影响用户的数据反馈。推荐系统的算法在不断进化，比如图算法和深度学习算法的不断迭代，使用户可能看到的信息越来越丰富。

7）信息的结构调整，数据反馈不一样。信息在推荐系统内的数据结构也会对推荐系统的反馈结果有决定性的影响。比如信息的数据结构从一级结构变成二级结构。

8）技术的升级会影响用户的数据反馈。推荐系统是一个非常消耗资源的系统，需要大量的硬件资源和算力。由于技术的不断进步，在实时反馈以及很多曾经不能使用的算法不断地被应用的过程中，推荐系统会越来越强大，用户的数据反馈也会越来越丰富。

以上的很多特点，导致我们用传统的体验方式去做推荐系统的竞品分析时可能得不到比较客观的分析结论，甚至得到的数据可能出现冲突。

我们接下来通过对抖音和快手的推荐系统的分析，来帮助大家理解如何对推荐系统进行竞品分析。

14.5.3　抖音和快手的推荐系统分析

由于抖音和快手是短视频领域最大的两个平台，所以我们选定它们作为竞品分析的对象。我们的分析目的是了解抖音和快手的推荐策略并进行总结，以指导我们自己做推荐系统。

在上一节中，我们介绍了推荐系统的特点，可以将其总结为两大方面：一方面是阶段性改变的部分，另一方面是根据用户消费阶段进行改变的部分。阶段性改变的部分就代表在一个时间段内是相对稳定的，而根据用户消费阶段进行改变的部分则是需要重点研究的。我们根据研究的重点安排了四个人，快手和抖音各两个人，且一个人用苹果系统，一个人用安卓系统。同时，我们还进行了阶段设计，包括用户冷启动、用户画像确定、引入社交关系以及负反馈、关注账号四个阶段。

（1）用户冷启动阶段

在这个阶段，不引入任何用户信息及用户行为。用户信息包括用户的注册信息、行为信息及通讯录信息。曝光的信息都暂停播放行为。这样用户将始终处于冷启动阶段。

在这个阶段我们对视频的标签、类型、频率等进行统计，发现了一些特点。

❑ 在冷启动阶段，两个平台都不进行任何广告信息的曝光。

❑ 对苹果系统的用户推荐与苹果手机相关的视频信息，但是并不会对安卓系统的用户推荐与安卓手机相关的视频信息。

❑ 热门的高质量视频会是曝光的主要信息之一。

❑ 没有直播的信息曝光。

❑ 偶尔会有一些非热门的内容出现。

- 抖音每天会曝光 1 ~ 3 个品类的新信息。
- 快手曝光的几乎都是热门的信息。

（2）用户画像确定阶段

在这个阶段，要告诉平台我们自己的爱好，开始播放我们设定的爱好信息，让平台了解我们的爱好。如果在第一个阶段没有出现我们设定的爱好内容，那么在接下来的浏览过程中就会发现以下特点。

- 在用户未登录的状态下，两个平台都没有任何的广告信息曝光。
- 两个平台在捕获用户的爱好之后，都会在第二天进行爱好相关的信息推送。
- 两个平台在捕获用户的兴趣之后，会大幅增加兴趣相关的信息比例。
- 抖音会在节假日曝光相关的信息。
- 抖音的用户爱好确认在小时级。
- 快手的用户爱好确认在分钟级。
- 信息在推荐池中的生命周期是 3 天左右。
- 快手在用户的兴趣探索方面做得比较保守。

（3）引入社交关系以及负反馈阶段

在这个阶段，我们开始导入通讯录好友，并且设定某一个类别的信息为不喜欢。这个阶段要导入手机好友，而这会引入一个问题，即历史的画像可能会有影响，因此这个阶段的时间要比前两个阶段长。我们发现了以下特点。

- 登录之后，历史兴趣会与上一个阶段的兴趣并存。
- 好友视频会优先展示，用户会感到好友的视频比较容易刷到。
- 广告大概占 10% 的比例。
- 电商和广告仅在用户兴趣的范围内。
- 抖音会主动曝光与大事件相关的信息。
- 对于非热门且有明确定义的信息，负反馈比较及时，第二天开始便不会出现。
- 抖音在热门信息的负反馈过程中会进行更细化的试探。
- 快手在热门信息的负反馈方面不够敏感。
- 快速划过被视为隐式负反馈。

（4）关注账号阶段

在这个阶段，我们开始关注自己喜欢的方向的主播，并且设定某些主播为不喜欢。我们发现了以下特点。

- 有电商属性的信息比例升高。
- 关注的主播内容占比很大。
- 直播中的主播会被优先推荐，但是如果有多个关注的主播同时在直播，并不会连续曝光。
- 会曝光与喜欢的主播同类型的主播。
- 对于设定不喜欢的主播反馈迅速，操作后就不会再出现。
- 广告比例超过10%。
- 抖音的兴趣探索会持续进行。
- 快手对兴趣的探索比例很低。

经过以上四个阶段的分析，我们可以进入这次分析的结论环节。

在结论环节，我们要稍微讲一下机器学习算法的基础原理，当然是以数据产品经理的视角来介绍，大家不用担心看不懂。这里要说的是，下面的介绍在算法角度是不完全正确的，但是对于大家理解机器学习算法很有帮助。

人类有两种最常见的构建关系的方式：一种是因果，另一种是相关。因果是事件 A 的发生引发了事件 B 的发生，简单来说就是，A 是 B 发生的原因。相关是事件 A 的发生总是与事件 B 的发生有明显的联系，简单来说就是，A 和 B 的发生总是有规律性的联系。机器学习的算法就是在事件 A 和事件 B 之间再增加一个计算的逻辑 L。也就是说，如果给定了事件 A，经过逻辑 L，就一定能得到事件 B。我们用一个公式表达就是：

$$B = L(A)$$

所以如果我们想了解一个机器学习的算法是什么样的逻辑 L，那么我们就要确定 A 和 B。

在推荐系统中，我们也可以使用上面的方法。我们通过最简单的 A 去观察 B，然后再每次叠加单一因素来增加 A 的复杂度，继续观察 B。通过这样的不断循环，就可以分阶段得出不同的逻辑 L。而不同阶段的逻辑 L 是单一因素的叠加导致的，因此可以相对容易地判断逻辑 L 的大概过程。而如果你对逻辑 L 的结构有更多的了解，就能更好地分析逻辑 L 了。在14.1节中我们已经知道了推荐系统的架构，这里我们就可以更好地总结逻辑 L 了。

根据上面四个阶段的研究，可以总结出抖音和快手能给予我们启发和指导的策略：

- ❑ 在用户冷启动阶段不要引入广告；
- ❑ 特殊节日或者事件可以优先曝光；
- ❑ 用户的生命周期对策略的影响非常关键；
- ❑ 快速的准确信息反馈会大幅提升用户体验；
- ❑ 非结构化的信息负反馈需要一个确认的过程；
- ❑ 要慎重使用兴趣探索；
- ❑ 直播会增加信息的曝光机会。

我们还可以从中得出更多结论，不过这里主要是希望读者可以通过这个例子了解如何研究一个机器学习算法。

本章总结

本章首先用科普的方式对推荐系统进行了介绍，希望可以让大家了解推荐系统。然后介绍了推荐系统的三要素——信息、用户和平台，并且基于每个要素介绍数据产品经理需要思考的内容。接着介绍了在三个经典场景下数据产品经理的一些思考，希望可以带给读者一定的启发。最后对主流短视频平台推荐系统进行分析，希望能够让读者举一反三，学会分析算法系统。

推荐系统十分庞大且在不断进化，本章只是一个思考的起点，希望可以启发大家在实际项目中有更加深刻的思考。

后　记

文 / 李凯东

相信这本书的大部分读者也是我们第一本书《数据产品经理：实战进阶》的读者，在这里非常感谢大家对我们的支持。同时要祝贺你们又一次完成了与数据产品经理的亲密接触。

我们在第一本书的筹划阶段就已经计划好写第二本了，也就是这本实操性更强的姊妹篇。而在第一本书出版之后，我们感受到很多读者对于更加偏向实战的内容的迫切期待，于是我们加快了进度，希望尽快将这本书呈现给大家。

这本书里的案例大部分是在实践中执行过的，具有很强的指导性和行业适用性。在写作之初，我们就在内部沟通过，确保所有案例中的信息已经过脱敏且相关公司允许对外公开。《数据产品经理：实战进阶》一书以理论为基础，尽可能考虑行业通用性，而本书是基于行业真实案例来撰写的，因而在垂直行业内具有很强的示范作用，且具有行业的独特性。考虑到行业的独特性，我们在最初确定作者的时候就尽可能选择来自不同行业的资深产品经理，以期通过展现不同行业的案例，让大家进行对比和借鉴。希望大家在借鉴的同时勤于思考，举一反三，在自己所处的领域进行知识迁移和升级，而不要生搬硬套，犯一些低级错误，造成不必要的资源浪费。

数据是一个发展特别快速的领域。就在几年前，业内还普遍认为数据是产品经理的必备基础能力，然而如今数据产品经理已经是一个非常垂直的细分职业了。同时很多数据技术的更新以年为单位，短则一年，长则两三年，就会有革命性的版本出现；机器学习相关的模型也在快速进化，每年都会有颠覆性的模型诞生。这就注定了数据产品经理是一个需要持续学习的职业。

当前很多行业在数据中台的引导之下，还处于中台建设阶段，因此埋点、指标体系、数仓建设、数据治理、报表引擎、报表等都是相对热门的数据领域。但是这些领域的理论在快速成熟，未来这些领域的工作门槛会逐渐降低，而且随着互联网大厂自身技术的成熟，很多数据产品小厂商的生存空间会受到挤压，这就会让数据产品越来越向互联网大厂集中，导致数据产品经理工作机会减少以及对数据产品经理的能力要求降低。

目前非常火热且尚未形成理论体系的数据领域是数据应用层，特别是某些垂直行业领域的应用层。在数据基础层完善之后，行业就会走向应用层，因此数据应用层将是未来数据产品经理的主要工作域，并且会有一个很长的红利期。目前已经被行业初步认可且大力推行的是客户数据平台（Customer Data Platform，CDP），未来还会出现更多的应用层数据产品。大家如果有机会做应用层数据产品，那么请珍惜机会，努力成长；此方向未来可期。

这里还要谈一下数据产品经理的壁垒问题。如果一个职业专业性强且存在信息差，那么它就是高壁垒职业。数据产品经理，特别是应用层的数据产品经理，就是这样的职业。这个职业没有任何一个大学专业直接对口，却需要很多专业知识，其中一部分专业知识可以通过自学习得，但是有很多专业知识必须有数据反馈才能获得。这些经数据反馈后获得的知识才是这个职业的价值所在，由此可见数据产品经理的职业壁垒有多高。因此在红利期选择这个职业且有一定经验的数据产品经理是非常稀缺且不可复制的资源。未来能够从事这个职业的人除了应届生之外，都必须拥有一定的职业经验，而数据产品经理的职业经验只能从实际项目中获取，这就使非应届生转行从事这个职业变得越发困难。在这样的情况下，业内前辈的指导将是数据产品经理职业成长中最重要的因素，这个职业会慢慢形成类似于"师徒"的关系，而这样的关系会让"徒弟"的职业生涯走得更快、更稳。所以，如果你遇到了一位好师傅，请格外珍惜，尽全力向他学习。

每次写到这里，就总想多写一些，再多写一些。然而无论如何，我们都不能写尽所有的知识和心得。但是我们这些作者可以保证，我们尽力了，我们希望能够通过这两本书为行业带来一些改变，让更多的人从中获益。这两本书已经完结，但是成长的路还在继续，以后有机会再与大家分享。